깡깡이마을,
100년의 울림

" 대평동 수리조선업의 모든 것 "

- 산업편 -

목차

2부. 수리조선소의 조력자들

3부. 수리조선소와 함께 한 사람들

서문

조선소는 외부인 출입금지구역입니다.

대차 위에 올려져 있는 수 백 톤의 선박, 팽팽하게 당겨져 있는 와이어, 무거운 장비들. 수리조선소 내부는 위험하며 때론 먼지나 페인트 등이 날려 다소 건강에 좋지 않습니다. 그렇기 때문에 조선소 직원들은 언제나 긴장 상태입니다. 현장에 대한 사전 지식 없이, 보호 장비도 갖추지 않고 나타나는 외부인의 방문이 그리 반가울 리 없습니다.

보안상의 이유로, 또는 작업 특성 때문에 수리조선소의 입구는 두툼한 철문이 가로막고 있습니다. 그 앞을 지나가다 불현듯 고개를 돌리면 직원들이 드나드는 조그만 출입구 사이로 내부가 들여다보입니다. 육지에 커다란 선박이 올라와 있는 모습은 마치 뭍으로 올라온 대형 고래 한 마리를 보는 것 같아 신비함마저 느껴집니다.

가려져 있어서일까요? 더욱 호기심을 일으키는 수리조선소. 저 커다란 배는 어떻게 육지에 올라와 있을까요? 저 커다란 배를 어떻게 수리한다는 걸까요? 이 책은 수리조선소의 안쪽 세상을 궁금해 할 독자 및 방문객 분들이 그곳 세계와 좀 더 가까워질 수 있도록 해 드리기 위한 일종의 안내서입니다.

깡깡이예술마을사업단

1

깡깡이마을과 수리조선소

깡깡이마을을 하늘에서 보면 안다.

바다와 육지의 경계에 자리잡은 여덟 곳의 수리조선소와

바다 쪽으로 100미터 가량 깔려 있는 레일

수백 리 바다를 헤치고 돌아온 선박의 거친 밑바닥

그리고 부지런히 어루만져 말끔하진 배를 다시 바다로 돌려보내는 사람들의 노력.

두꺼운 철문에 가로막혀 차량이 드나들 때만 간간히

그 속 모습을 보여주는 대평동 수리조선소.

1부는 100년 전 대평동에 조선소가 처음 자리잡은 순간을 돌아보고 오늘날까지

치열하게 돌아가는 현장을 들여다보기 위한 첫 걸음이다.

1. 선박들의 종합병원, 수리조선소

대평동의 수리조선소는 선박들의 종합병원이다.

종합병원에 가면 내과, 외과, 신경과 등이 있어 신체의 각 부위, 혹은 질병이나 증상별로 치료를 할 수 있듯이 선박이 대평동의 수리조선소에 들어오면 다양한 분야의 기술자들이 결합해 고장난 부분을 고쳐주고 말끔한 상태로 만들어 다시 바다로 내보낸다.

수리조선소는 크게 두 부류로 나눌 수 있다. 엔진, 전기, 기관 등 선박수리를 총체적으로 담당하는 중형수리조선소와 녹 제거 및 도장 작업을 주로 담당하는 소형수리조선소이다. 수리조선 용어로 말하자면, '캡바(용량을 뜻하는 capacity의 일본식 표현)'가 큰 배는 중형수리조선소로, 캡바가 작은 배는 소형수리조선소로 간다.

대평동의 수리조선소 대부분은 소형수리조선소에 해당한다. 과거에는 선박 기관이나 주요 부품 등도 직접 수리하기도 하는데 지금은 직접 하지 않고 기술자를 불러다 수리하거나 대평동 안에 있는 다른 공장에 맡긴다. (이에 대한 이야기는

2부에서 자세히 만나볼 수 있다) 대평동의 모든 수리조선소는 배를 육지로 올리는 상가(上架) 작업 후 선체를 깨끗하게 한 뒤 칠을 해 바다로 내보내는 과정을 담당한다. 이 장은 대평동 수리조선소에서 벌어지는 작업 전반에 대한 이야기다.

■ 수 백 톤 선박을 육지로 올리는 방법

모든 일에는 시작과 끝이 있는 법이다.

그중에서도 '시작이 반'이라는 말이 매우 강력한 힘을 발휘하는 곳이 바로 수리조선소이다. 어떤 일을 하느냐를 막론하고 수리조선소에서 일하는 모든 분들의 생각은 다음과 같을 것이다.

"배를 올리는 게 시작인데 배만 잘 올라가면 그 다음은 일도 아니지. 배를 못 올리면 수리고 뭐고 끝이다 끝."

그래서일까. 배를 올리는 날 수리조선소는 그 어느 때보다도 활기차고, 분주하고, 긴장감도 느껴진다. 새로운 일이 시작된다는 설렘이나 기대와 함께 배를 육지로 잘 올려야 한다는 부담 등이 뒤섞여 묘한 기류를 만들어 내는 것이다.

배를 육지로 올리는 작업에는 보통 십여 명이 동원된다. 수리조선소에서는 배를 육지로 올리는 작업을 상가(上架)라고 부른다. 상가의 가(架)는 '긴 나무를 가로질러 선반처럼 만든 것'을 의미하는데 실제 이 상가 작업이 이뤄지는 날이면 작업복을 입은 사람들이 네모반듯하게 각이 진 기다란 나무토막을 들고 바쁘게 움직인다. 그리고 작업자 몇은 그 나무를 받아 우물 정(井)자 모양으로 쌓아올린 뒤 줄로 단단히 고정한다. 직원 몇을 태운 작은 배는 바다로 나간다. 이윽고 남항 방파제를 지나온 트롤선 한 척이 저 멀리서부터 모습을 드러낸다. 미리 대기하고 있던 예인선이 다가가 배를 밀며 조선소 앞까지 들어온다. 예인선 두 척이 옆에 바짝 붙어 배를 90도 정도 회전시키면 뱃머리가 수리조선소 쪽으로 향하게 된다.

수리조선소에는 기찻길처럼 레일이 두 줄씩 깔려 있다. 여기가 바로 배가 육지에 자리잡게 될 곳인데 이 부분을 일컬어 '선대(船臺)'라고 한다. 흔히 조선소에서 배를 만들거나 수리하는 공간을 '독(Dock)'이라고 말하지만, 여기서는 '배를 만들 때 선체를 올려놓고 작업하는 대(臺)'를 의미하는 '선대'라는 말을 쓴다. 상상해 보면 알 수 있겠지만 배 밑바닥에 바퀴가 달려 있지 않는 이상 배가 순순히 육지로 올라와 줄 리 없다. 그래서 사용하는 것이 바로 대차(臺車)다. 대차는 쉽게 말해 배를 이동시키는 차다. 레일 위를 왔다 갔다 할 수 있는 대차가 육지에서 선박의 발이 되어주는 셈이다. 수리조선소에는 눈에 보이는 레일 말고도 바닷속으로 100미터에 달하는 레일이 깔려있어서 배를 물에 띄워 놓은 상태에서 대차를 바닷속 레일 끄트머리까지 밀어낸 다음 배 밑부분에 대차를 갖다 댄다. 그런 다음 대차와 배를 살살 움직여 가며 배가 대차 위에 안정적으로 올라앉을 수 있도록 맞춰 준다. 대차 위에 배를 반듯하게 잘 올리는 일이 무엇보다 중요하기 때문에 때로는 잠수부가 동원되기도 한다.

 대차에는 와이어(Wire, 여러 가닥의 강철 철사를 합쳐 꼬아 만든 단단한 줄)가 달려 있고 그 와이어는 육지에 있는 윈치(WiACh, 기계로 와이어 등을 감아올리는 기계)와 연결되어 있다. 대차 위에 배가 잘 자리잡았다 판단되면 윈치를 움직여 와이어를 천천히 감아올리기 시작한다. 직원 몇을 태우고 나간 작은 배는, 대차로 올릴 배의 뒷부분이 좌우로 흔들리지 않도록 배에 연결된 밧줄을 바다 쪽에서 단단히 잡는다. 대평동 수리조선소로 들어오는 선박들의 무게는 보통 3백여 톤에서 최대 만 톤 정도. 레일, 대차, 와이어, 이 모든 것을 조정하고 위험 요소를 제어하고 통제하는 사람의 기술로 육중한 배는 육지로 올라와 그 모습을 드러내게 된다.

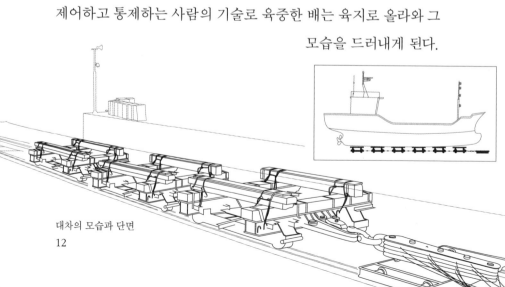

대차의 모습과 단면

"대평동 방식은 슬립웨이(Slip Way)라고 해요. 미끄러진다는 뜻입니다. 레일을 깔아서 와이어를 감아 배를 올리는 방식이죠. 일본식인데 옛날에 일본 사람들이 이렇게 많이 했대요. 유럽 쪽이나 다른 데는 다 플로팅(Floating) 또는 드라이(Dry)도크를 쓰죠. 배가 몇 만 톤 하는 데 다 와이어로 뺄 순 없잖아요."

㈜JY조선 공무감독 이윤규

상가 작업의 제일 목표는 뭐니 뭐니 해도 '배의 어떤 부분도 다치지 않게 해 육지로 올리는 일'이다. 수리하러 들어온 배인데 혹 떼러 왔다 혹 붙이게 할 순 없는 일이다. 수리조선소로서도 상가 과정 중 사고는 회사에 막대한 손실을 입힐 수 있는 중대한 일이다. 이 목표를 이루기 위해서는 상당한 기술이 필요하며 준비 또한 철저히 해야 한다. 이 과정에서 주도적인 역할을 하는 이는 공무감독과 도크마스터다. 공무감독은 선박 상가와 하가(下架) 일정을 협의하고, 수리에 필요한 견적을 내고 현장 근로자들을 관리감독하는 역할을 담당한다. 도크마스터는 수리조선소 현장 실무 전반을 책임지고 관리하는데 특히 선박 수리에서 가장 중요한 작업인 상가와 하가를 직접 실행하는 역할을 한다. 준비 과정에서 가장 중요한 것은 대차를 선박에

1 **2**

1. 멀리서 본 선대와 대차 모습
2. 대차를 정비하는 모습

13

알맞게 짜는 일이다. 대차는 선박을 안정적으로 받치고 배 밑부분에 있는 장비들을 보호하기 위해 우물 정(井)자 모양으로 짜는데, 선박마다 배 밑바닥의 모양이나 장비가 달려 있는 위치가 각기 다르다. 그래서 공무감독과 도크마스터는 선박이 오기 전에 함께 배의 도면을 보고 배 밑부분의 모양, 너비, 높이와 함께 어군탐지기, 수심측정기와 같은 장비들이 붙어 있는 위치를 파악해야 한다. 도면으로 파악이 어려울 경우에는 먼저 잠수부가 배 밑으로 가서 조사를 하고 오기도 한다. 잠수부로부터 어디에 장비가 붙어 있다는 전달을 받으면 도면을 보고 다시 치수를 잰 후 대차를 짠다.

 대차를 잘 짜면 반은 성공이다. 이제 성공을 위한 남은 반은 사람에게 달렸다. 배를 올리기 위해 각 위치마다 작업자들이 배치되어 있다. 조금의 어긋남 없이 배를 대차 위에 올리려면 작업자들 간의 의사소통과 호흡이 무엇보다 중요하다. 몇몇 작업자는 작은 통선을 타고 바다로 나가 배 뒤편에서 줄을 잡고 있고, 수리하러 온 선박 위에도 작업자가 올라가 있는데, 오랜 경험과 내공을 가진 도크마스터가 선대 중간에 서서 그들에게 지시를 내린다. 지시 사항을 전달하기 위해 도크마스터는 주로 호각이나 수신호를 사용하는데, 이것을 오래 전부터 사용해 오던 방식이다.

"배를 올릴 때 줄은 총 4개가 필요한데. 뒤에 두 줄은 우리 식구들이 조그마한 통선을 타고 나가서 배 뒤로 묶은 줄을 양 갈래로 잡는 거야. 내가 신호를 해서 뒤에서 줄을 놔 주라면 놔 주고. 감으라면 감고. 예인선은 밀어 주고. 앞에 와이어 두 줄은 내가 직접 조종하고. 그런 식으로 해서 배를 올리지. 소리는 호각을 불면 딱 본다고. 뒤에 줄 잡은 사람들한테는 내가 엉덩이(히프)를 치면서. 오른쪽이면 오른쪽을 치고, 왼쪽이면 왼쪽을 치면 알아서 줄을 놔 주거든. 그러면서 배를 올리지. 그 사람들하고 나하고 타이밍이 전부 다 딱딱 맞아야 돼. 한쪽으로 조금만 돌아가도 안 되고. 밑에도 정확하게 나무 받침목(대차)이 딱 맞아야 되고."

도크마스터 허창식 씨

 그렇게 올라오기 시작한 배가 제대로 육지에 안착하기까지는 작은 트롤의 경우 세 시간, 큰 배는 네 시간 정도 걸린다고 한다. 큰 배의 경우에는 연결해야 할 와이어가 더 많아 대여섯 시간이 걸리기도 한다. 배를 올리는 모습을 지켜보고 있으면 일사분란함 속에서도 매끄럽게 연결되는 작업자들의 호흡에 인해 탄성이 나온다. 그러다가도 잠깐의 방심으로 일을 그르칠까 노심초사하며 분당 2cm씩 2~3시간에 걸쳐 끌려 올라오는 배를 매의 눈으로 지켜보며 양손으로 섬세하게 윈치 조종기를 다루는 도크마스터의 모습을 보노라면 숨소리마저 내기 힘들어진다.

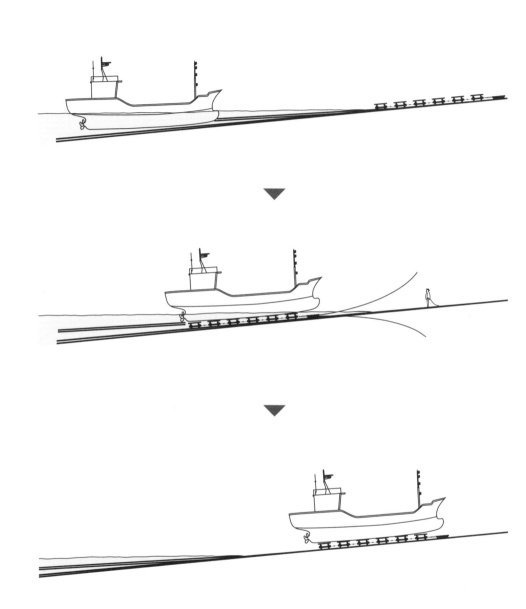

선박 상가 과정

[조선 상식] 드라이독(Dry dock)과 플로팅독(Floating dock)

사람들에게 조선소의 풍경을 떠올려보라고 하면 '독'이라는 말을 가장 먼저 입 밖에 낸다. 독은 크게 두 가지로 나눌 수 있는데 '드라이독'과 '플로팅독'이 있다. 드라이독은 일반적인 조선소 내 선박 건조 공간을 의미하는데, 땅을 파서 바닷물을 넣고 뺄 수 있도록 만든다. 선박을 건조할 때는 육지 상태로 작업하다가 선박을 바다로 내보낼 때는 수문을 열고 바닷물이 유입시켜 선박을 수면 위로 띄운다. 플로팅독은 해상에서도 선박을 건조할 수 있도록 만든 바지선 형태의 대형 구조물을 뜻한다. 독을 바다 위에 띄운 상태에서 선박을 건조한 뒤 독을 침수시켜서 배를 물에 띄우는 설비이다. 이 시설은 바다 위에서도 작업할 수 있어 배를 건조하기 위한 별도의 공간이 필요하지 않다.

1

2

3

4

5

1. 선대에 준비되어 있는 대차
2. 바닷속으로 들어간 대차
3. 대차 위에 배가 잘 앉도록 위치를 맞추고 있는 도크마스터
4. 대차에 연결된 와이어를 당겨 배를 올리는 모습
5. 상가 완료

■ 묵은 때를 벗기며 - 워싱, 깡깡이, 그라인딩

 실제 수리조선소에서 주로 하는 일은 종합병원의 '성형외과'에서 하는 일과 비슷하다. 간단하게 말하면 배 표면에 붙은 이물질을 벗겨내고 새로 칠을 하는 작업이다. (바닷물에 부식된 철판을 새것으로 갈고 갈라진 부분을 용접하는 일도 한다) 특히 배 표면에 붙은 이물질을 벗겨내는 작업이 중요한데 수리조선소 사람들은 이 일을 '청락(靑落)' 또는 '깡깡이'라고 부른다. 여기서 이물질은 배 표면에 난 흠집이나 돌출부위, 바닷물로 인해 녹슨 철판과 너덜너덜해진 페인트, 담치나 따개비와 같은 어패류들이다. 과거에는 사람이 망치를 들고 일일이 벗겨냈지만 지금은 물을 강하게 뿌려 이물질을 털어내는 고압세척방식을 사용하는데 수리조선소에서는 이 작업을 '워싱'이라 부른다. 어선의 경우 대개 1년 정도 운행한 선박들이 대평동의 수리조선소를 찾아오는데 배에 이물질이 붙어 있으면 그렇지 않을 때보다 배의 속도가 20%나 줄어들기 때문에 주기적으로 청소를 해 줘야 한다. 뿐만 아니라 청락 작업 다음에는 도색 작업이 기다리고 있는데, 이것은 페인트가 선체에 잘 먹도록 하기 위한 전초 단계에 해당한다고 볼 수 있다.

 고압의 물로 배 표면을 어느 정도 세척하고 나면 본격적인 작업에 들어간다. 마을에서는 통상적으로 이 작업을 '깡깡이'라 부르는데, 배 외판에 붙어 있는 조개껍질이나 녹슨 부분을 벗겨내기 위해 망치로 철판을 두드릴 때 '깡깡' 소리가 난다고 해서 생겨난 말이라고 한다. 오늘날 대평동의 별칭인 깡깡이마을이라는 이름도 여기서 유래했다. (혹자는 '깡깡이'라는 말이 강선(鋼船) 수리를 먼저 시작했던 일본에서 건너왔을 것이라 하며 또는 일본의 '깡깡함마'에서 유래했다고도 한다) 7~80년대만 해도 사람이 직접 망치를 사용해 작업했지만 지금은 고압으로 모래를 쏘거나 그라인더라는 기계를 사용해 이물질을 벗겨내는 '그라인딩(외판소제)'작업을 한다. 그래서 지금은 깡깡이 작업을 부르는 명칭도 변했다.

"옛날에는 '깡깡하러 가자' 이랬지만 요즘은 깡깡 안 하고 그라인더라고 하고. 그냥 '그라인더 하러 가자'고 그라지."

깡깡이 아지매 전순남 씨

강한 회전력으로 표면을 갈아내는 그라인더는 청락 작업에 큰 변화를 주었다. 7~80년대에는 족장(또는 아시바)이라 하여 나무널판으로 된 그네를 배에 걸치고 거기 앉아 깡깡이를 하거나 사다리를 타고 올라가서 작업을 했다면, 지금은 기다란 나무 막대 끝에 그라인더를 고정한 '그라인더 짱대'를 만들어

쓰면서 높이 올라가지 않고서도 작업이 가능해졌다. 아주 높은 곳은 '고소차'라 불리는 리프트차를 타고 작업하는데, 배에 완전 밀착하지 않아도 되는 그라인더 짱대를 사용하기 때문에 예전에 비해 비교적 안전하게 작업할 수 있게 되었다.

수리조선소에서의 청락 작업은 오래전부터 망치로 깡깡이 작업을 했던 이른바 '깡깡이 아지매'로 불리는 여성들이나 외국인 노동자들이 담당하고 있다. 특히 깡깡이 아지매들은 배 표면을 깨끗하게 다듬는 일 외에도 선박 내 탱크나 닻을 보관하는 장소에 들어가 진흙이나 기름찌꺼기를 제거하거나 바닷물이 드나드는 곳인 씨체스트(Sea Chest, 흘수선 아래 해수 출입 설비)에 자리잡고 자란 조개류나 해조류를 제거하는 일도 한다. 이러한 작업은 질식 등의 안전사고 우려 때문에 보통 2인 1조로 이루어지며 방독면을 착용한다.

청락 작업이 워싱, 그라인딩 등의 방법으로 발달했어도 여전히 사람의 손이 필요하다. 과거에는 깡깡이 작업을 하다 높은 곳에서 떨어지거나 난청, 눈 질환 등을 얻어 고통을 받는 경우가 많았지만 최근에는 그러한 사고가 많이 줄어든 편이다. 물론 그라인딩을 하다보면 녹 부스러기나 이물질이 튀기도 하지만 보호안경과 방독면 등의 착용이 의무화되었고, 그냥 신발

대신 안전화를, 일반 옷 위에 방수천 재질의 두꺼운 작업복도 착용하고 있어 예전에 비해 사고의 위험은 현저하게 줄어든 편이다. 도구나 환경이 많이 좋아졌다고는 해도 매우 힘든 작업임은 두말할 나위 없다. 그럼에도 불구하고 지금 대평동 수리조선소에서 청락 작업을 하고 있는 많은 분들은 자신의 일에 대한 자부심과 보람을 느끼고 있다.

"여전히 녹이 슨 거 착착 해놓고 나면 깔끔하고 매끈매끈한 것이 얼마나 보기 좋은데. 나와서 동료들하고 우스갯소리 하고. 그러다 보면 하루 가고. 재밌다 재밌어."

깡깡이 아지매 전순남 씨

"나한테 깡깡이 일은 도전이고 보람이야. 전에 장사도 해봤고 집에도 있어 봤고. 그러다 나이 마흔에 도전이라 생각하고 시작한 일이 깡깡이 일이거든. 처음에 내가 조선소에서 일할 거라고 했을 때 모두 다 못 할 거라고, 네가 그런 일을 할 수 있겠냐고 했어. 그럴수록 더 궁금하고 그 세계에 들어가서 해내고 말겠다고 맘먹었어. 지금까지 하고 있고. 나는 이 일을 건강이 허락하는 한 하겠다 생각해."

깡깡이 아지매 이복순 씨

1. 워싱(고압세척)
2. 깡깡이(치핑)

3

4

3, 4. 그라인딩

■ 선박, 새 옷을 입다_ 선체 도장(塗裝)

선박도 옷을 입는다.

배가 오랜 기간 항해를 하다 보면 선체는 바닷물에 의해 부식되고 배 밑바닥에도 이런저런 이물질이 끼기 마련이다. 그런 상황으로부터 선박을 보호할 수 있는 최선의 방법은 덜 오염되고 덜 부식되도록 페인트를 겹겹이 칠해주는 것이다. 실제로 선체를 도장하는 페인트는 일반 페인트와 다른데, 철로 만든 선체에 녹이 생기는 것을 막는 방청도료(AC)와 홍합 같은 수중생물이 달라붙는 것을 막는 방오도료(AF)가 있다. 단지 색을 내기 위한 것이 아닌 기능을 가진 페인트, 옷으로 따지면 방수 및 방오(防汚) 기능이 있는 '기능성 잠바'같은 것이다,

워싱과 그라인딩 작업을 마치고 나면 본격적인 도장(도료를 칠하거나 바르는 작업. 부식을 막고 모양을 내기 위하여 한다) 작업이 시작된다. 배를 도장하는 방식은 바르는 게 아니라 뿌리는 것이다. 전기밥솥 모양처럼 생긴 압축기에 긴 호스가 달린 도장 기계를 사용하는데, 압축기의 강한 압력으로 페인트를 분사하는 것이다. 스프레이로 건담 같은 프라모델(조립모형)을 도색해 본 사람이라면 뿌리는 도장 작업이 어떤 작업을 의

미하는지 금방 이해할 수 있을 것이다. 프라모델에 비해 배의 면적은 수천, 수만 배쯤은 될 테지만 그만큼의 섬세함을 요구하지는 않는다. 선체 도장은 무엇보다 강약 조절을 잘 해 가며 배 표면에 고루고루 잘 펴 발라 주는 것이 관건이다.

 도료를 뿌리는 순서나 횟수에도 정해진 방식이 있다. 계속 바닷물이 닿는 배 밑부분부터 작업을 시작하는데 먼저 녹이 생기는 것을 막는 페인트(AC)를 두 번, 이물질이 붙지 않게 해주는 페인트(AF)를 두 번씩 총 네 번 뿌려준다. 배 상부에도 녹 방지 페인트를 뿌려주는데 이 작업을 마치고 나면 선박은 회색 옷을 입게 된다. 마지막으로 선박의 색을 결정하는 파이널 페인트(배의 색깔을 결정하는 페인트)를 뿌리면 전체 도장 작업이 완료된다.

1 2

1. 선체 도장 모습 2. 도장 기계　27

바닷물에 닿는 부분에는 환경에 무해한 페인트를 사용한다. 과거 배 밑바닥에 바르는 도료로 유기주석 화합물이 들어간 것을 사용한 적이 있는데, 페인트를 바른 자리에 달라붙은 홍합이 호르몬 변이를 일으켜 모두 암컷이 되는 현상이 발생했다고 한다. 그 후 인체와 환경에 악영향을 끼칠 만한 유기주석 화합물이 없는 도료를 바르도록 2003년 국제법으로 지정된 뒤부터는 친환경 도료를 사용하고 있다고 한다.

현장에서 선체 도장을 하는 작업자들의 말에 따르면 배 하나에 페인트가 스무 말(18L 짜리 페인트 스무 통)쯤 들어간다고 한다. 큰 배의 경우 백 말(18L 짜리 페인트 백 통)도 넘게 들어가는데 트럭으로 한가득 싣고 온 페인트가 다 들어간다는 것이다. 대평동 도장 작업자들은 뿌리는 도장 기계를 일컬어 '총'이라 부른다.

"페인트 깡통을 따서 신나(시너, Thinner)를 배합한 뒤 압축기계에 집어넣어. 그래서 총 가지고 뿌리는 거지."

도색전문가 하영석 씨

도장 기계가 생기기 전까지는 '롤러(Roller)'를 하나씩 붙잡고 배 전체에 페인트를 일일이 펴 발랐다고 한다. 하지만 도장 기계가 보급된 뒤로는 작업 시간도, 인원도 많이 줄어들었다.

"총 잡고 뿌리면 금방 뿌려. (페인트) 한 통에 이십 분도 안 걸린다. AC(녹 방지 도료)는 바르는 데에 한 말에 20분, 마르는 시간에 8시간쯤 걸려. 옛날에 손으로 할 때에는 인원수가 억수로 많이 들지. 한 열 명씩 들어가서 조금씩 미니까 시간도 많이 들고 페인트는 페인트대로 많이 들고, 일도 안 되고 그러는 거라. 배 밑에서 위로 쳐다보고 하려면 힘들지."

도색전문가 하영석 씨

항구에 서서 배들을 조금만 눈여겨보면 배마다 색깔이 다르다는 점을 알 수 있다. 마지막 유색 페인트 작업으로 선박의 색이 결정되는데 배의 기능에 따라 또는 어떤 회사이냐에 따라 어느 정도 색이 정해져 있다. 예를 들어 고등어 잡는 선망들은 청색, 예인선은 흑색, 기타 어선은 청색, 녹색, 오렌지색 이런 식이다. 도장 작업은 출항 직전까지 이뤄지는데 뿌리고 말리고를 반복하다 보니 보통 3~4일 정도 걸린다.

작업 방식이 수월해졌다고는 하지만 도장 작업에도 어려운 점은 있다. 일단 뿌리는 작업이다 보니 페인트가 공기 중으로 날리기 때문에 보호안경과 마스크 착용은 필수다. "페인트를 마시면 폐가 안 좋으니까, 마스크 쓰고도 목에 페인트가 들어가. 그래서 소주 한 잔 하면서 씻어 내리는 거라"(도색전문가 하영석 씨) 뿐만 아니라 배 가장 윗부분은 아파트 5~6층 정도 높이인데, 리프트차를 타고 높은 곳에서 도장 작업을 하다 보면 페인트 때문에 시야가 가려 발이 미끄러지는 아찔한 순간이 발생하기도 한다. 수리조선소에서의 작업은 어떤 일이든 수월한 게 없다. 그럼에도 대평동에서 20년 넘게 도색 작업을 해온 작업자 분들은 힘든 만큼 보람도 크다고 한다.

"배가 바다에서 뭐랑 부딪히거나 하면 금이 간다고. 그때 배에 물이 안 들어가게 하는 게 페인트라. 페인트를 잘 발라놔야 만약의 상황이 생겨도 버틸 수 있지."

도색전문가 이OO 씨

"작업을 며칠간 하고 나면 온몸에서 페인트 냄새가 나고 목이 따끔거리지만 배가 말끔한 모습으로 바다로 돌아가는 모습을 보면 뿌듯한 마음이 든다."

도색전문가 박OO 씨

전체적인 도장을 마치고 나면 지워진 흘수선(선체가 물에 잠기는 정도를 볼 수 있도록 한 것으로 배 외관에 확연히 다른 색깔로 칠해 누구나 쉽게 알아볼 수 있도록 한다)을 그려 넣고 지워진 선박의 이름을 다시 그려 넣는 것으로 모든 작업이 마무리된다. 선박 수리에 있어 화룡점정인 셈이다. 선체가 녹스는 것을 막아주는 아연판(2부 3장에서 자세히 소개)을 붙이고 스크루프로펠러(2부 2장에서 자세히 소개) 등 수리를 맡긴 부품을 장착하고 나면 선박은 바다로 돌아갈 채비를 마친다.

1.수선하부도장 2.수선상부도장 3. 아연판 부착 4. 홀수선 그리기

■ 다시, 바다로 - 출항

배에게 고향은 바다일까? 육지일까?

누군가는 배에게도 육지에서의 휴식이 필요하다고 말할 수 있겠지만, 대평동 사람들에게 배는 '바다'에 있어야 제자리에 있는 것이다. 수리조선소 사람들에게도 마찬가지다. 배가 육지에 있다는 것은 묵힌 상태, 또는 어떤 부정적인 경우에 해당한다. 그런 그들은 항상 배를 보며 말한다.

"어서 잘 수리해서 먼 바다로 가야지. 가서 파도를 거침없이 헤치고 다녀야지. 그게 배지."

선원들도 배 수리를 위해 육지에서 머무는 시간이 처음에는 좋다가도 이내 불편하고, 낯설고, 답답하다고 한다. 배는 바다에 있어야 비로소 '배'다울 수, '배'일 수 있듯이 선원들 또한 바다로 돌아가야만 비로소 자신이 살아 있다는 것을 느끼는가 보다.

정상적인 배는 필연코 바다로 간다. 대평동 수리조선소에서 수리를 마친 배는 이제 돌아가는 일만 남았다. 대차에 얹힌 선체를 힘겹게 끌어올리던 윈치 소리, 호스에서 뿜어져 나온 물줄기가 선저를 긁어대던 요란한 소리, 자욱한 먼지 속에서 귀따갑게 들려 오던 깡깡 소리, 새파란 화염을 쏘아 내며 녹슨 철판을 자르던 가스절단기 소리, 번쩍이는 섬광 속에서 철판을 이어 붙이던 용접기의 윙윙대는 소리, 쇳가루와 불꽃을 함께 튕겨 내며 모서리를 갈던 날카로운 그라인더 소리, 페인트 분사기에서 식식거리며 함께 뿜어져 나오던 압축공기 소리……
그 모든 소리가 잦아들면서 선대에 누워 있던 배는 서서히 바다로 돌아갈 준비를 하기 시작한다.

출항 준비는 배를 바다로 내리는 하가(下架) 작업이 제일 먼저이다. 대차에 실려 뭍으로 올라올 때는 몇 시간이 넘게 걸렸지만 바다로 되돌아가는 것은 불과 십여 초면 끝난다. 함성을 지르듯 굉음과 함께 선대 레일을 미끄러져 내려가 바다 위에 뜬 배는 예선에 이끌려 수리조선소 안벽이나 자갈치 부두, 일자방파제 같은 곳에 접안한다. 선내 기관부에서는 클러치를 뗀 채 엔진 시동을 걸어 보고 발전기와 배전반, 냉동기, 펌프 등 수리를 마친 기기 상태를 점검하면서 냉동기 냉매를 보충하고 탱크에 연료유와 윤활유를 채워 넣느라 바쁘게 움직인다. 갑판부에서는 조업에 필요한 어구와 비품을 손질하고 정리하는 한편 구명뗏목이나 구명동의, 신호탄, 소화기 등 안전설비를 점

검한다. 해도(海圖), 레이더와 무선전화 같은 항해통신장비에
다 무엇보다 중요한 어군탐지기 확인도 빼놓을 수 없는 작업이
다.

이런 일이 바쁘게 이루어지는 동안 새 항차(航次)를 이끌 선
원들이 속속 모여든다. 휴가를 마치고 돌아왔거나 새로 승선하
는 사람, 경력이 오래된 사관부터 견습 선원까지 누구 할 것 없
이 모두가 오랜 선상 생활에 대비해 머리를 짧게 자르고 면세
담배를 잔뜩 사 들고는 배로 올라온다. 그들을 위한 식량과 부
식이 창고로 들어가고 지정된 탱크에 청수(淸水)가 채워진 후
지루함을 달래 주기 위한 외장하드(각종 영화나 TV 드라마 영
상이 저장되어 있는)까지 챙기고 나면 이제 모든 준비가 끝난
셈이다. 출항 신고를 마치고 남항 앞바다를 빠져나가면서 배는
길게 고동을 울린다. 마치 그동안 참아왔던 숨을 내뿜는 듯한
뱃고동 속에는 수리조선소에서 제 몸을 다듬어 주었던 모든 소
리들이 녹아 있는 것 같기도 하다.

여기까지가 대평동 수리조선소에서 이뤄지고 있는 일이다.
얼마 전까지만 해도 러시아나 일본 배들도 많이 찾아왔지만 최
근에는 많이 줄었다고 한다. 하지만 소형수리조선소 관계자들
은 "세상에 배가 있는 한, 대평동 소형조선소는 언제까지나 살

아남을 것"이라고 말한다. 세상이 제 아무리 첨단이 되어도 사
람 손만 한 게 없다면서 말이다. 숙련된 기술과 책임감으로 무
장한 대평동 수리조선소들은 다시 한번 대평동에 호시절이 찾
아오길 기다리고 있다.

<다시, 바다로 - 출항> 원고는 깡깡이예술마을신문 <만사대평> 11월호,
수리조선 이야기 3편. '선박의 출항준비' 중 발췌_ 문호성 소설가

깡깡이마을 수리조선소로 들어오는 배들

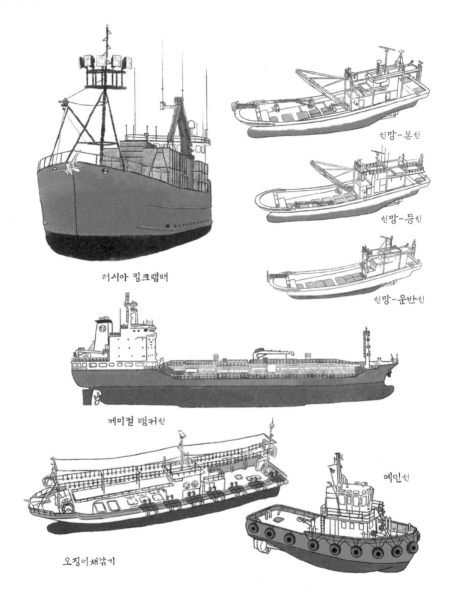

러시아 킹크랩배

선망-본선

선망-등선

선망-운반선

케미컬 탱커선

오징어채낚기

예인선

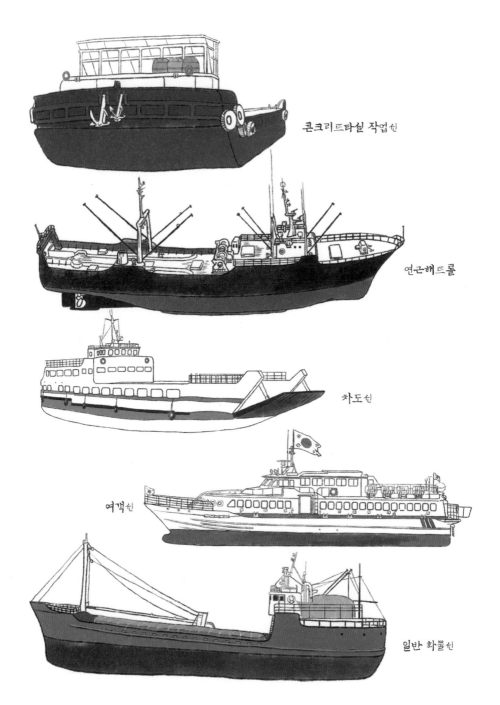

콘크리트타실 작업선

연근해트롤

차도선

여객선

일반 화물선

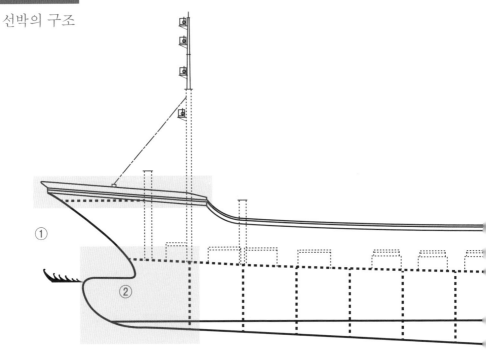

① 불워크(bulwark)
갑판 위로 올라오는 파도 방지

③ 레이더(rader)
탐지된 물체의 방향, 거리,
속도 등을 파악하는 장치

② 벌브(bulbous bow, bulb)
'구강선수'라 불리며 물의 저항을
줄여 주는 역할을 함

④ 조타실(wheel house)
배의 방향을 조정

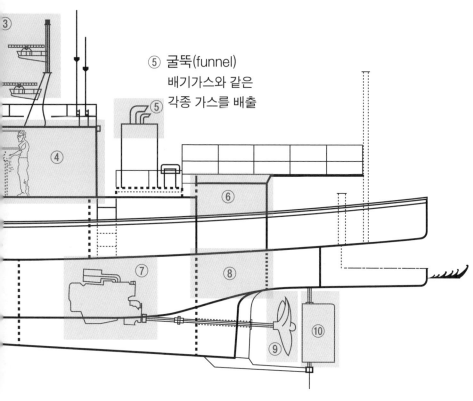

⑤ 굴뚝(funnel)
배기가스와 같은
각종 가스를 배출

⑥ 조리실&주방(galley)
음식을 조리하고 먹는 곳

⑨ 프로펠러(propeller)
선박의 추진장치

⑦ 엔진(funnel)
선체의 동력, 선체의 상징

⑩ 러더(rudder)
선박의 추진방향을
결정

⑧ 선실(c/room)
선원들이 생활하는 공간

2. 다나카 조선소를 아시나요?

한반도의 조선(造船) 역사는 결코 짧지 않다.

가깝게 600여 년 전인 조선왕조 시기에는 개국 초부터 외침에 대비하기 위한 군선조선기술을 개발했으며, 그 결과 대선, 중선, 병선, 쾌선 등 다양한 종류의 선박을 만들어 내기도 했다. 특별한 점은 조선의 선박 기술은 주로 관에 의하여 발전하고 전해져 왔다는 것이다. 지금으로 치면 정부에서 조선업에 집중적으로 투자하고 관리한 셈이다. 임진왜란 때 활약했던 대형 주력함인 거북선은 탁월한 군선으로 일본과의 여러 해전에서 압도적인 승리를 거둘 수 있게 해준 원동력이 되었다. 조선의 선박 건조 기술은 중국이나 일본보다도 우수했으며 거북선을 앞세운 당시 수군의 승리는 세계 해전사 및 조선사에서도 획기적인 업적으로 남아 있다.

하지만 1876년 개항 이후, 조선의 상황은 급변한다. 아이러니 하게도 군 주도로 특별하게 성장해 온 선박건조기술은 일본에 의해 수군이 해체되면서 무너지게 된다. 군선을 만들던 장소였던 선소(船所)가 사라지면서 조선의 전통 선박은 물론 배를 만들던 기술자들까지 설 자리를 잃게 된 것이다. 뿐만 아니라 일본인들의 조선 연근해 어업이 합법화되면서 일본 어선과 수산업자들이 물밀 듯이 우리나라 해역으로 들어오는데, 일본 조선업체들까지 더불어 밀려들어와 서울, 부산, 인천, 목포, 마산 등의 주요 항구에 조선소를 세운다.

그 선두에 부산 '다나카 조선소'가 있었다.

■ 대한민국 근대 조선산업 1번지, 다나카 조선소

공간은 기억을 품고 있다.

아직까지 대평동 깡깡이마을에는 일제강점기의 흔적이 가득하다. 그중에서도 수리조선소는 "예전에 비해 크게 변한 것이 없다"는 이야기가 나올 정도로 과거의 모습을 간직하고 있다. 옛 다나카 조선소 자리였다는 우리조선㈜에 들어서면 '아마도 그 옛날 조선소의 풍경은 이러이러했을 것'이라는 생각이 든다. 붉게 녹슨 레일과 모서리가 닳은 침목(枕木)들이 그런 생각을 부추긴다.

다나카 조선소. 우리나라에 있었다는 조선소의 옛 이름이 이다지 생소한 이유는 '다나카'가 일본인의 이름이기 때문이다. 고베 출신 일본인 조선사업자인 '다나카 와카지로(田中若次郎)'는 1887년 부산으로 건너와 남포동 자갈치 해안에서 목선 제조업을 시작한다. 그러던 1912년, 그의 아들 다나카 키요시(田中淸)는 현재 대평동에 위치한 우리조선(주) 자리에 '다나카 조선철공소'를 설립한다. 대평동으로 옮긴 후 다나카 조선철공소에서는 바람이나 증기가 아닌 엔진으로 동력을 얻는 목조 선박을 최초로 개발하고 보급하게 된다. 대평동을 일컬어 '대한민국 근대 조선산업 1번지'라고 부를 수 있는 것은 바로 이 때문이다.

 일본인 다나카 와카지로(田中若次郞)는 처음에는 남포동 자갈치 해안에 자리를 잡았다. 물살이 제법 세다는 자갈치 해안에서 배를 수리하기란 여간 어려운 일이 아니었을 것이다. 그러다 그는 자갈치 해안 맞은편에 있던 대풍포(대평동의 옛 이름)로 공장을 옮기게 된다. 과거 낚시 바늘 모양의 모래톱 지형이었던 대풍포는 안쪽 깊숙이 만이 형성되어 있어 풍랑의 피해가 거의 없는 천연 방파제 같은 곳으로 조선업을 하기 알맞은 곳이었다. 대풍포에 다나카 조선소가 설립된 이후 다른 조선소들도 하나 둘 생겨나기 시작했는데, 이는 일제강점기 부산항(지금의 북항) 일대에서 활발하게 진행된 매립공사와 부두 시설공사로 이를 대체할 만한 선박 건조 및 수리 지역이 필요해졌기 때문이었다.

 다나카 조선소 또한 처음에는 남항에 들어오는 소형 목선수리를 주로 하여, 설비라 해 봐야 주물공장과 제재공장(製材工場)이 전부였다고 한다. 하지만 이후 동력선, 무동력선 할 것 없이 어선의 수요가 증가하는 추세 속에서 1920년대에는 연간 30척 정도를 건조하고 70척 정도를 수리할 정도로 규모가 커졌고 1931년 11월에는 주식회사가 되었다. 1938년경에는 종업원이 100~200인이 근무할 정도로 조선소가 크게 성장하였다.

일제의 대륙침략이 한창이던 1930년대 중반 이후 다나카 조선소는 조선총독부 '전시계획조선(戰時計劃造船)'에 참가하여 전쟁물자 운송과 병력동원을 위한 선박을 만든다. 그러던 1945년 8월, 다나카 조선소의 운명도 일제의 패망과 함께 끝난다. 해방으로 미군에 의해 접수된 다나카 조선소 시설은 대한민국 정부 수립 이후 이관되어 주두홍(朱斗洪)이라는 민간인에게 불하된다. 이후 대양조선철공, 구일조선, 남양조선, 유진조선, SNK조선㈜로 사업자에 따라 이름이 바뀌었다가 현재는 우리조선㈜ 라는 이름으로 이어오고 있다. 해방 이후 다나카 조선소를 비롯해 대평동에 있던 조선소를 불하받은 우리나라 사람들은 자체적인 기술개발을 통해 깡깡이마을을 7~80년대 수리조선업의 메카로 성장시켰다.

다나카 키요시

1세 경영 다나카 와카지로(1887년)
2세 경영 아들 다나카 키요시(1912년대)
3세 경영 손자 다나카 유타카(1940년 전후)

사진 출처_ 부경근대사료연구소

1887년
일본 고베출신 다나카 와카지로가 현 남포동 자갈치 해안에서 목선 제조업 시작

1910년대
아들 다나카 키요시가 현재 대평동에 위치한 우리조선(주) 자리에 '다나카 조선철공소' 설립

1920년~1930년
선박용 엔진 개발에 착수하여 1925년경 중유를 사용하는 엔진 개발 성공

1926년 다나카 조선철공소 공장 내부
사진 제공_ 부경근대사료연구소

1930년~1940년
조선총독부 '전시계획조선'에 참가하여 전쟁 물자 운송과
병력 동원을 위한 신박 건조

해방 이후
미군에 의해 접수. 대한민국 정부 수립 이후 이관되어 민간에 불하됨

■ 일제강점기 대평동의 조선소들 - 1900년대 초부터 해방까지

'다나카'는 시작에 불과했다.

개항 후부터 1945년 해방 전까지 영도 대풍포(대평동의 옛 이름)에는 일본 이름을 가진 수많은 조선소들이 자리 잡았는데 나카무라(中村), 마쓰부지(松藤), 사에구사(三枝), 나카모토(中本), 시로사키(城崎), 타무라(田村), 니시다(西田), 우에다(上田), 코가와(古河) 등이다. 대한민국 조선사(造船史)를 이야기함에 있어 식민지의 역사를 이야기하는 것은 그들이 준 기술적 영향, 남기고 간 것들을 기억하거나 기념하기 위해서가 아니다. 한반도의 기나긴 역사를 기록함에 있어 그 시기를 공백으로 남겨둘 수 없기 때문이다.

다나카 조선소 다음으로 일본인이 우리나라에 설립된 나카무라 조선소는 나가사키에서 활동하다 1893년 부산으로 건너온 나카무라 규조(中村久藏)에 의해 세워졌다. 자갈치 해안에서 목선 제조업을 하다가 1902년 대평동에 나카무라 조선소를 설립했다. 나카무라 조선소는 현 동아조선소 자리에 위치하고 있었는데 다나카 조선소와는 담 하나를 사이에 두었다. 1919년 나카무라는 조선총독부의 주도로 부산항에 수리용 독(Dock)을 건설하는 계획에 참여하는가 하면 부산의 유력 해운업자 및 기업 4곳과 합작 출자하여 '조선선거(船渠)주식회사'를 설립하기도 한다. 조선총독부의 조선(造船)계획에 적극 협조하며 영향력을 확장한 나카무라 조선소는 1930년대에 선박을 연간 50척을 건조하고 80척을 수리 할 수 있을 정도로 성장한다.

일본인 조선소가 처음부터 승승장구했던 것처럼 알려져 있지만 1910년 이전까지만 해도 일본인들에 의한 조선업은 별로 발전하지 못했다고 한다. 그러다 1910년 이후부터 일본형 개량 어선이 꾸준히 보급되기 시작했는데 그 배경에는 조선총독부가 있었다. 조선총독부에서는 일본형 어선의 보급을 위해 1918년까지 매년 일반 수산업 개량 장려비로 1만 원씩을 각 도의 지방비로 보조했으며, 각 도에서는 조선 사람들에게 어선 구입자금을 보조해 주거나 자금을 빌려 주기도 했다. 그 외 선장(船匠) 강습을 후원하는 등의 정책을 펼쳐 일본형 어선의 보급은 조선인 어업자들 사이에도 급증하였다. 이렇게 어선의 전반적인 증가와 특히 일본형 어선의 증가는 일본인 조선업체를 꾸준히 성장시킨 주된 배경이 되었다. 결국 조선인의 조선소는 근대적 기술을 앞세운 일본 업체에 밀려 점차 사라지게 된다. 일본인 조선소는 1918년에 15개로 늘어나게 되고 1920년대에는 제1차 세계대전으로 인해 선박 수주량이 급격히 증가한다.

1930년대는 일제가 한반도를 중국을 침략하기 위한 전진기지로 삼으면서 전반적인 공업화가 진행된 시기다. 그 결과 일본재벌들이 대거 조선(朝鮮)에 진출하게 되면서 일본인 조선업체들이 증가하고 또 대형화된다. 1930년대에 조선업체는 53곳으로 집계되는데 대부분 경상남도, 전라도, 함경도에 집중되어 있고 특히 경상도에 과반수의 조선소가 자리잡고 있다. 부산에는 19개의 업체가 있었는데 그중 대평동에 조선소가 열 곳이나 있었을 정도로 대평동은 조선업이 집중된 곳이었다.

그러던 1942년 5월 12일 기업정비령이 공포되고 이에 따라 같은 해 6월 15일 조선총독부에 의하여 동시행규칙(조선총독부령 165호)이 발표되면서 1942년과 43년에 걸쳐 조선소에 대한 대대적인 정비와 통합이 이뤄진다. 그중 부산 영도는 조선업체가 밀집되어 있는 지역이었는데 봉래동 쪽에 있던 10여 곳의 조선소들은 모두 '조선선박공업주식회사'라는 새로운 회사로 통합된다. 그리고 대평동에 있던 나카무라(中村), 마쓰부지(松藤), 사에구사(三枝)조선소는 '도우아(東亞)조선주식회사'로 통합되었고, 대평동 및 남항동에 있던 6개 조선소 시로사키(城崎), 우에다(上田), 코가와(古河). 오오치(大地), 니시다(西田), 유리노(百合政)는 '히노데(日出)조선주식회사'로 정리되었다. 그러나 다나카(田中)와 나카모토(中本)조선철공소만은 통합에서 제외되었다. 이렇게 해서 주식회사다나카(田中)조선철공소, 나카모토(中本)조선철공소, 히노데(日出)조선주식회사로 압축되었다.

이와 같은 통폐합 이후 각 조선소들은 조선총독부에 의해 군수공장으로 지정되어 전쟁에 사용하기 위한 선박들을 만들기 시작한다. 히노데(日出)와 도우아(東亞)조선주식회사는 400톤급 선박을 신조하거나 8,500톤급 선박을 수리할 수 있는 조선소였다. 현재 대평동에 들어오는 어선들이 보통 3~400톤 정도인 것을 감안하면 당시 상당히 큰 작업이 이뤄지고 있었음을 알 수 있다. 당시 선박 건조 및 수리는 일제가 자재를 우선적으로 공급해 주고 완성된 선박에 대한 비용의 차액을 보전해 주는 조건 하에 이뤄진 것이었다.

업체명	선체신조능력 (톤)	선체수리능력 (톤)	기관제작능력 (마력)	기관수리능력 (마력)
히노데(日出)조선주식회사	400	8,500	500	1,000
도우아(東亞)조선주식회사	200	6,000	-	6,000

자료 출처_ 대한조선공사30년사

일제강점기에는 조선에 대한 업체의 소유권, 운영권을 비롯하여 조선기술교육의 기회까지도 주어지지 않는 상황 하에서 우리나라 사람들이 조선업에 참여할 수 있는 기회가 거의 없었으며 특히 강선건조기술은 일제의 전유물이 되었다. 조선공업은 5개의 소규모 조선소 제외하고는 모두 일본인의 소유로 되어 있었다. 1945년 8월 15일 광복을 계기로 조선업은 일본인의 손에서 우리의 손으로 넘어왔다. 그러나 광복 직후의 정치적, 경제적 혼란과 무질서 속에서 우리나라 조선공업을 새로 출발시키는 데 많은 어려움을 겪게 된다.

예기치 못했던 한국전쟁이 부산 외 지역의 조선시설에 큰 피해를 주었지만 아이러니하게도 조선공업과 해운업을 재생시킬 동기를 제공했다. 군수물자와 구호물자의 운송을 위해 선박의 수요가 늘었고 급하게 선박을 수리해야 하는 상황이 발생했기 때문이다. 한편 UN군 측의 선박 수리 요구가 밤낮 없이 계속 돼 당시 국내 최대 조선소였던 '대한조선공사'와 강선 수리가 가능했던 '대선조선주식회사' 등이 활기를 띤다. 이후로도 한국 정부의 전폭적인 자금 지원을 받은 대한조선공사는 오늘날 '한진중공업'의 전신으로 대한민국 조선업계의 발전을 이끌게 된다.

대부분의 사람들은 한진중공업의 전신인 대한조선공사를 우리나라 조선업의 모태로 여긴다. 대한조선공사가 지금의 현대, 삼성, 대우조선을 있게 한 거나 다름없다는 것이다. 하지만 이 모든 걸 가능케 한 주역은 바로 대평동의 조선소들이다. 대평동은 세계에서 가장 많은 배를 수리했던 곳으로 다양한 선박을 접하면서 생긴 경험과 지식, 수리 노하우 등이 축적되어 있어 대평동만 오면 어떤 배든 무조건 수리할 수 있었다. 무엇보다 대평동 기술자들로부터 기술과 노하우를 전수받은 이들이 현대, 삼성, 대우조선 등으로 흩어져 오늘날 대한민국의 조선 산업을 이끌어 가고 있다.

참고 자료

부산상공안내 / 부산부 발행, 1932
조선(造船)조합 40년사 / 한국조선공업협동조합 발행
대한조선공사30년사 / 대한조선공사 발행
일정시대의 조선업 / 김재근, 1987
조선총독부 식산국편, 조선공장명부 / 소화 14년판(1939년)

54

1960년대 조양조선주식회사에서 목선을 건조하고 있는 모습
사진 제공_ ㈜JY조선

1930년대 대풍포 조선소 위치와 일제 말기 조선소 통폐합 결과

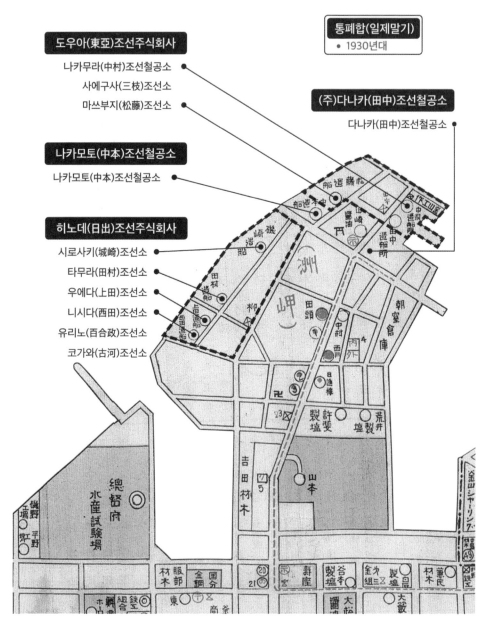

통폐합(일제말기)
● 1930년대

도우아(東亞)조선주식회사
나카무라(中村)조선철공소
사에구사(三枝)조선소
마쓰부지(松藤)조선소

(주)다나카(田中)조선철공소
다나카(田中)조선철공소

나카모토(中本)조선철공소
나카모토(中本)조선철공소

히노데(日出)조선주식회사
시로사키(城崎)조선소
타무라(田村)조선소
우에다(上田)조선소
니시다(西田)조선소
유리노(百合政)조선소
코가와(古河)조선소

지도 출처_ 1938년 부산안내도 / 부경근대사료연구소
내용 참고_ 1930년대 식민지 조선의 조선공업 확장과 그 실태 / 배석만(부경역사연구소)

각 시기별 조선소 변천사

- **현재**
  - 1970년대~2000년대
  - 1950년대

- **선진조선(주)**
  - 천일운수주식회사

- **영도조선(주)**
  - 영도조선
  - 영도조선

- **마스텍중공업(주)**
- **STX조선해양(주)**
  - 대동조선
  - 대양조선
  - 대한조선
  - 신흥조선
  - 안전조선
  - 한구조선

- **JY조선(주)**
  - (주)조양조선
  - 조양조선

- **삼화조선소**
  - 삼화조선
  - 동아조선

- **(주)바이칼조선**
  - 동성조선
  - 동해조선

- **동아조선소**
  - 동아조선
  - 동아조선

- **우리조선(주)**
  - SNK조선, 남양조선, 유진조선, 구일산업주식회사
  - 대양조선

지도 출처_ 정재훈(부산대학교 건축학과)
참고 지도_ 1955년 영도 대평동 지도 / 부경근대사료연구소
1975년 대평동 시설도

3. '깡깡망치', 어디에 쓰는 물건인고?

 1960년대까지만 해도 대평동에서 만들 수 있는 배는 목선이었다.

 그러나 점차 선박이 강선(鋼船)으로 교체되기 시작하면서 대형조선소에 일이 몰리자 중소형 조선소가 있던 대평동에 위기가 찾아온다. 대평동 조선소들은 자구책으로 조선소의 기능을 '선박 수리'로 전환해 수리를 위한 시설 및 기술 개발을 시작한다. 그리고 60년대 후반, 수리를 위해 철강선이 하나 둘 마을에 들어오기 시작하면서 '깡깡'하는 망치 소리가 온 마을을 뒤덮기 시작한다.

 대평동 깡깡이마을의 오늘을 있게 한 어제는 다름 아닌 7~80년대다. 그 시절로 들어가기 위해 밧줄처럼 붙잡아야 할 것은 투박한 '깡깡망치', 그리고 수리조선소 가장자리에서 가족을 위해 위험한 곳에서 일하기도 마다하지 않았던 '깡깡이 아지매'다.

■ 그 시절, 깡깡이 아지매 작업 보고서

 마을에 있는 깡깡이 아지매들의 쉼터에 찾아가 아주머니 한 분에게 예전에 쓰시던 작업 도구를 보여 달라고 물었다. 아주머니는 잠시 망설이더니 장롱 옆에서 무언가를 조심스럽게 꺼낸다. 겉에 싸인 검은 비닐봉지를 벗겨 내고, 두툼하게 여러 번 감싼 신문 종이를 젖혀 내자 새까만 '깡깡망치'가 모습을 드러낸다. "굉장히 비밀스럽게 보관하시네요"라고 하니 "험하잖아. 내놓고 보일 게 못 돼"라고 한다. 마치 누군가에게 보이고 싶지 않은 기억의 한 조각을 세상에 내보인 것처럼.

 197~80년대 조선업과 배를 고치는 수리조선업으로 대한민국 산업 발전의 중심에 있었던 대평동. 그 눈부신 발전을 이끈 이들 중에는 배에서 청락(靑落) 작업을 담당했던 깡깡이 아지매가 있다. 그동안 깡깡이 아지매의 삶은 가난했던 옛 시절의 이야기쯤으로 여겨지며 세상의 주목을 받지 못했다. 그분들 모두 산업화의 주역이었는데 말이다. '아지매'라는 단어가 중년 여성을 떠올리게 하지만 깡깡이 일을 했던 분들의 연령은 20대부터 60대 이상까지 다양했다. 모두 그런 것은 아닐 테지만 깡깡이 아지매 중 상당수는 배우자가 죽거나, 또는 다치거나, 선원이 되어 오랜 시간 가정을 돌보지 못하거나, 온갖 사정으로 홀로 가족의

생계를 잇고 공부를 시켜야 하는 상황에서 깡깡이 일을 선택한 경우가 많았다. '기구한 자신의 팔자를 떠올리게 돼서'라거나 '자식들에게 가난한 시절을 떠올리게 하는 것 같아서'와 같은 이유로 깡깡이 일을 했던 대부분의 어르신들은 자신들의 이야기를 쉽게 꺼내놓지 못한다.

목선이 주를 이뤘던 1960년대까지는 깡깡이라는 일 자체가 없었다. 60년대 후반쯤 가서야 철강선이 하나 둘 들어오기 시작하면서 깡깡이라는 직업도 생겨났다. 배를 뭍으로 올리는 상가(上架)처럼 힘을 써야 하는 일은 남성이 담당했다면 깡깡이 일은 대부분 여성이 담당했다. 요즘으로 치면 아파트 4~5층 높이 정도 되는 배 위에 올라가 작업해야 하는 탓에 나무 그네 형태의 족장(또는 아시바)을 타야 했다.

만나 본 깡깡이 아지매 중 '열 이면 열'은 족장을 타는 일이 가장 힘들었다고 말한다. 갑판에서 족장을 내리고 앉으려다 보면 다리에 힘이 풀릴 정도로 무서운데, 안 떨어지려고 다리에 잔뜩 힘을 주다 보니 밤에 잠을 이루지 못할 정도로 다리가 아팠다는 것이다. 뿐만 아니라 당시 족장 하나에는 여성 서너 명이 탔다고 하는데 젊은 시절 깡깡이를 했다는 한 어르신은 "족장 하나에 여러 사람이 타다 보니 조금만 움직여도 출렁출렁한데 밤에도 울렁울렁하는 느낌이 들어 속이 매스껍고 잠이 안 오더라"
(깡깡이 아지매 김OO 씨)고 한다. 가장 곤란한 일은 화장실
문제라고 한다. 족장을 올리고 내리고 하는 일을 전부 사람
손으로 했기 때문에 깡깡이 아지매들은 화장실조차 마음대로 갈
수 없었다. 화장실은 휴식시간에 다함께 가야 했기 때문에 물도
입술만 축일 정도로 마셨다고 한다. 가장 최악의 경우는 누군가
족장에서 떨어지거나 혹은 자신이 족장에서 떨어지는 사고를
당하는 일이었을 것이다.

사진 출처_ 제경성

깡깡이하면 배에 매달려 있는 모습만 상상하지만 깡깡이 아지매의 작업 장소는 한정되어 있지 않았다. 배에 족장을 매달고 깡깡이를 하기도 했고, 족장이 자동으로 움직이는 게 아니었기 때문에 줄을 잡고 당기거나 좌우로 조정하는 일을 담당하기도 했다. (줄잡는 인부 중 일부는 남성도 있었다) 갑바(방수용 옷)를 입고 바닷물에 들어가서 작업을 하는 사람도 있었다. 탱크나 씨체스트(Sea Chest, 선박에서 바닷물이 드나드는 부분) 등 좁거나 위험한 곳에 들어가 펄, 진흙, 기름이나 구리스 찌꺼기 등을 퍼내는 일도 깡깡이 아지매의 몫이었다.

1970년대 깡깡이 아지매들의 출퇴근 시간은 오전 8시부터 오후 5시까지였다. 2시간 정도 일 하고 10시에 10분 정도 쉬고, 점심 먹고 1시부터 일하다가 3시가 되면 또 10분 정도 휴식한 뒤 5시까지 일을 했다. 잔업이 있는 경우 불을 켜 놓고 작업을 했는데 밤 11시까지 하기도 했다. 잔업은 선택사항이었으며 잔업 수당으로 일당에 웃돈을 주었다고 한다. 선박 수리 중 깡깡이 일만 보통 일주일 정도 걸렸다고 한다.

일용직 형태로 고용되었지만 깡깡이 아지매는 통상적으로 임금을 '월급'으로 받았다. 조선소에서는 일당을 바로 주는 대신

표를 주었는데 그걸 한 달 동안 차곡차곡 모아 회사에 가지고 가면 월급으로 주었다고 한다. 하지만 대부분 한 달까지 표를 모으지 못하고 중간에 현금으로 바꿔오곤 했다. 지금으로 보면 '가불'인 셈인데, 주로 반장에게 가서 표를 주고 현금으로 바꿔왔다. 대신 중간에 표를 가져가 돈으로 바꾸게 되면 일정 정도의 수수료를 지불해야 했다. 깡깡이 아지매들은 수수료를 떼이는 것이 아까워 가급적이면 중간에 돈으로 바꾸지 않으려고 했으나 형편 때문에 여의치 않았다고 한다. 대평동에서 나고 자란 토박이로 모친이 깡깡이 일을 했다는 박OO 씨는 "당시 깡깡이 아지매들은 자신이 벌어오는 돈으로 하루하루 생활비를 충당해야 하는 경우가 많았어. 애들한테 갑자기 돈이 들어갈 때도 있고 말이야. 표를 한 달까지 모으는 게 쉽지 않았지. 그래서 퇴근 시간이 되면 반장 집 앞으로 아주머니들이 길게 줄을 서 있고 그랬어. 표를 돈으로 바꿔가려고 그런 거지"

"그때 깡깡이 하러 갈 때 육백 원 주대. 내가 하니까 오백오십 원 주는 기라. 그때만 해도 콩나물 이십 원 치하면 많이 줬단 말이야. 밀가루도 한 포대에 얼마씩 안 했거든(당시 22kg짜리 밀가루 한 포대에 773원 정도). 그때가 더 살기가 더 좋았던 것도 싶다. 힘들어도."

깡깡이 아지매 전순남 씨

작업 도구는 매우 단순했다. 손에 쥐는 연장은 깡깡망치, 주함마, 씨가레프를 기본으로 하고 섬세한 작업을 위해 빼빠(사포)까지 동원하기도 했다. 사용하는 도구에 비해 안전을 위한 장비는 턱없이 부족했다. 그 시절 안전을 위해 깡깡이 아지매가 할 수 있는 일은 녹 조각이 얼굴로 튀는 걸 막기 위해 수건으로 얼굴을 감싸고, 떨어지는 것을 막기 위해 안전 고리를 허리에 거는 것이 전부였다. 열악한 작업 환경 탓일까. 깡깡이 일 경력 40년의 한 어르신은 옛날에는 사고가 나는 게 일상적인 일이었다고 한다.

"귀는 나쁜 아니라 다들 엉망이라. 하도 함마 치는 깡깡 소리를 매일 들으니. 기관지도 안 좋고. 몇 년 하다 보니까 회사에서 마스크도 주고 안경도 주고 하더라만 옛날에는 안경이 어디 있습니까. 그냥 먼지 그대로 마시고 뒤집어쓰고 집에 와서 겨우 씻고 안약 넣고 그래 일했지. 그래도 나는 다행인 게 몇 번 다치긴 했어도 큰 사고는 없었으니 감사해야지. 지금은 다행히 안경도 쓰고 마스크도 다 한답니다."

깡깡이 아지매 허재혜 씨

깡깡이 아지매들 중에서는 지금까지도 직업병에 시달리는 경우가 많다. 40년 가까이 깡깡이 일을 하다 얼마 전 퇴직하셨다는 한 어르신은 "함께 일하던 동무가 지금은 반신불수가 돼 병원에 누워 있다는 얘길 들었다. 일을 하다 사다리에서 떨어진 후로 몸이 항상 좋지 않았다"고 한다. 자신도 함마 소리를 오래 듣다 보니 귀가 잘 들리지 않는다고도 한다. 70년대 깡깡이를 시작해 지금도 하고 있다는 한 어르신도 "지금 아프지는 않아. 겨울 되면 추워. 시려워. 병신 다 됐지. 이것도 망치로 맞아가 다 깨지고. 남는 거는 골병만 남았다"고 한다.

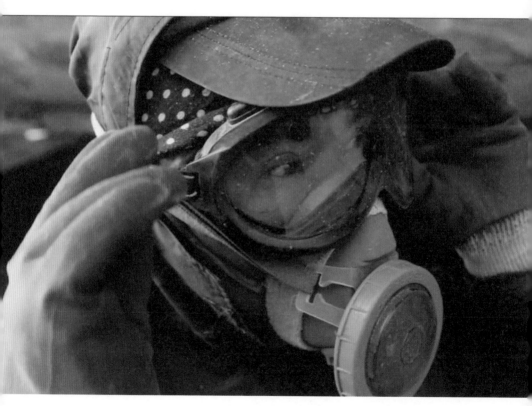

오늘날 깡깡이 아지매들이 사용하는 보호 안경과 마스크
(사진 속 인물은 깡깡이 아지매 이복순 씨)

[깡깡이 아지매 간단 인터뷰]

깡깡이 아지매 허○○

깡깡이 경력 : 40년
가장 무서웠을 때 : 아시바에 처음 매달렸을 때
특이사항 : 작업 반장이었음. 퇴직 후 함께 깡깡이를 하던 사람들과
친목모임을 하고 있음
직업병 : 귀가 잘 안 들림. 기관지 나쁨

깡깡이 아지매 전○○

깡깡이 경력 : 40년, 지금도 깡깡이 일을 하고 있음
가장 무서웠을 때 : 오래전 가스 질식으로 기절했을 때
특이사항 : 아직까지 깡깡이 일을 하고 있음
직업병 : 충격으로 손가락 변형

깡깡이 아지매 이○○

깡깡이 경력 : 20년, 지금도 깡깡이 일을 하고 있음
가장 무서웠을 때 : 무서운 건 없는데 여름에 너무 더워서 힘듦
특이사항 : 작업 반장임
직업병 : 반쪽짜리 손톱

오늘날에도 여전히 깡깡이 아지매들은 존재한다. 깡깡이 아지매들은 대개 반장을 필두로 6~7명씩 한 조를 이뤄 움직인다. 조선소에 배가 들어와 일감이 생기면 반장에게 연락이 가고, 연락을 받은 반장은 필요한 인원을 꾸려 조선소에 간다. 일은 한 달에 세 번, 많으면 열흘 정도 하기도 하는데 많아봐야 열이틀 정도다. 기존 배가 나가고 새로운 배가 들어와야 일감이 주어지는데 그라인더 작업을 하고 난 뒤 네 차례의 도색 작업 등이 기다리고 있어 작업 횟수가 그리 많은 편은 아니다. 대개 대평동에는 수리조선소마다 깡깡이를 전담하는 반이 정해져있지만 꼭 한 조선소에서만 일하는 것은 아니다. 자신이 다니는 조선소에 배가 들어오지 않거나 다른 조선소에 일손이 필요할 때는 가서 일을 할 수 있다.

대평동에는 조선소마다 깡깡이 아지매들을 위해 마련해 준 쉼터가 있다. 확인한 곳만 두 곳인데 주로 옷을 갈아입거나 식사를 하거나 간단한 샤워나 빨래를 하는 곳이다. 그곳에다 깡깡이 작업에 사용하는 연장들을 보관하기도 하는데, 물론 가장 많이 보이는 것은 '그라인더 짱대'다. 그라인더가 생기고 난 뒤 깡깡이 아지매들의 작업 시간은 상당히 단축됐다. 지금은 보통 배 한 대에 5명에서 6명, 큰 배가 올라오면 배 밑에만 해도 7~8명이 작업에 들어가는데 길어도 2~3일이면 마친다고 한다.

전에 비해 작업하는 게 편해지긴 했지만 그만큼 작업할 수 있는 인원도 줄어들었다.

최근 깡깡이 일에 뛰어든 젊은 남자 외국인들이 많아졌다. 현재까지도 깡깡이 일을 하고 있는 한 어르신의 말에 따르면 깡깡이 일이 나름 여자 벌이로 괜찮다고 하지만 요즘 우리나라의 젊은 사람들은 이 일을 하기를 꺼려한다고 한다. 머지않아 자신들도 이 일을 그만두면 그나마 남아 있던 자리도 모두 외국인이 차지하게 될 것이라고 생각한다. 지금 대평동에서 활동하고 있는 깡깡이 아지매는 대략 50여 명 정도. 대평동은 여전히 그녀들의 삶의 터전이다.

깡깡이 아지매들 사이에는 드물게 친목계라는 것도 있다. 주로 퇴직한 동료들끼리 계를 만들어 회비를 모아 한 달에 한 번씩 식사를 하거나 봄, 가을로 함께 여행을 가기도 한다. ㈜선진조선에서 반장까지 했다는 허재혜 할머니도 함께 일했던 동료 17명과 친목계를 하고 있다. 같이 고생한 동료들과 가끔씩 안부를 주고받고 맛있는 음식을 함께 먹는 일을 낙으로 삼고 있다.

대평동 여인들은 가난한 집안 살림에 보태고 자식을 공부시키기 위해 힘든 깡깡이 일에 뛰어들었다. 한 가정의 가장으로서, 3~40년 넘도록 한 분야에 종사했던 노동자로서 갖은 노력을 아끼지 않았던 깡깡이 아지매 모두는 한국 근대산업화의 주역이자 대평동이 수리조선으로 이름을 날릴 수 있게 해준 일등공신임에 틀림없다.

■ '깡깡망치'에서 시작된 깡깡이마을의 전성기

오래된 유물처럼 보이는 깡깡망치는 여전히 수리조선소에서 주요하게 사용하는 도구다. 오로지 표면을 매끈하게 다듬는 작업만 가능한 그라인더로는 절대 하지 못하는 섬세한 기능들을 깡깡망치, 주함마, 씨가레프가 담당해 주고 있기 때문이다.

"녹이 되게 두꺼운 거는 이 주함마로 세게 두드리면 울려서 다 같이 떨어져. 깡깡망치는 홈에 있는 걸 쪼는 거고. 기역자로 된 씨가레프는 뻘 파내고 따개비 긁고 구석구석 청소하고 하는 것. 옛날에는 대나무로 만들었다는데 지금은 쇠로 만들어. 옛날 어른들 말로는 씨가레프 대신에 '빼빠'라고 사포질 하는 걸로 했다고 하더라고. 지금은 그래도 공구가 많아서 일하기가 수월치."

현역 깡깡이 아지매 이복순 씨

깡깡이 작업에 쓰이는 이 세 가지 도구와 그에 따른 기능은 누구에게 물어봐도 큰 차이가 없다. 그라인더가 보급되기 전 대평동에서 깡깡이를 하던 분들이 많은 시행착오 끝에 완성한 일종의 '3종 세트'다. 당시 깡깡이 일이란 오로지 사람의 힘으로만 가능했기 때문에 손의 연장인 도구, 그중에서도

깡깡이 작업에 쓰인 도구들 - 왼쪽부터 깡깡망치, 씨가레프, 주함마

'깡깡망치'의 역할은 그만큼 중요했고 깡깡망치 그 자체는 당시
수리조선소의 작업량을 가늠하는 척도가 되기도 했다.

마을에 오래 거주한 주민들은 대평동의 전성기로 불리는
7~80년대를 '깡깡망치'의 시대였다고 말한다.

"여기서 깡깡깡, 저기서 깡깡깡, 거리에서도 깡깡깡."

그 당시 일감의 양은 망치 소리의 크기와 비례했다. 수리조선소 여덟 군데가 각기 2~3개의 선대를 가지고 있었고, 그때 대평동으로 수리하러 들어오던 배들이 줄을 이어 비유컨대 '대기표 뽑고 기다려야 할 정도'였다고 하니 약 스무 대 이상의 배가 육지에 올라와 있었을 것이다. 그 시절 수리조선소에서 일을 했던 분들의 이야기에 따르면 배 한 척당 10여 명 정도의 깡깡이 아지매가 투입되었다고 하니 200여 명에 달하는 깡깡이 아지매가 손에 깡깡망치를 들고 녹을 떼기 위해 철판을 두드렸을 것이다. 그 소리가 어느 정도였을지 과연 상상이 되는가?

남항동에서 학창시절을 보낸 박OO 씨는 "그때 전차 종점에서도 깡깡이 소리가 들렸어. 가장 기억에 남는 건 대동조선소 자리. 길을 가다가 옆을 보면 바로 배랑 깡깡이 아지매들이 보였어. 수건으로 얼굴 가리고"라며 당시 모습을 회상한다. 지금은 통합이 되어 하나의 동이 되었지만 전차 종점이 있던 남항동은 대평동과 이웃해 있던 다른 마을이었다. 깡깡 소리가 옆 동네까지 울려 퍼졌던 셈이다. 뿐만 아니라 자갈치, 용두산 너머 보수동, 수정동, 초량동의 산복도로에서도 대평동의 깡깡이 소리가 들렸다고 한다.

수리조선업의 호황은 마을에 연쇄작용을 일으켰다. 수리

조선소에서 낮밤 할 것 없이 불을 밝히고 작업을 했던 것은 말할 것도 없고 선박 관련 부품을 만들거나 수리하던 철공소나 공장들이 쉴 새 없이 돌아갔다. 무엇보다 일자리가 많아져 마을 안이 사람들로 북적거렸다고 하는데 일례로 대평동에서 가장 큰 조선소였다는 대동조선에서 점심시간에 직원들이 식사를 하기 위해 우르르 몰려나오는 모습은 그야말로 장관이었다고 한다. 일하러 온 사람들이 많아진 만큼 조선소 앞에 자리를 잡고 있던 식당들은 'OO 조선소 덕에 먹고 산다'며 즐거운 비명을 질렀고 수리기간 동안 배에서 내린 선원들이 다방이나 술집으로 흘러드는 통에 마을은 연일 흥청거렸다. 호황의 기운이 최고조였던 80년대에는 마을에 다방이 스무 군데까지 생겨나기도 했다. 특히 대평동에서 가장 큰 조선소였던 '대동조선소'에 대한 이야기는 마을의 호시절을 떠올릴 때 단골로 등장한다.

"그때는 대동조선소 옷만 입고 가도 술 준다고 했거든. 옷만 입어도 술 주고 밥 주고 그랬지. 그만큼 인기가 좋았어요. 그 당시 대평동 사람들 더 많았어. 대동조선소가 진해로 올라가삐는 바람에 대평동이 꺼져삣다 아이가. 옛날에 대동조선소 간다하면 어깨에 힘주고 그랬고."

깡깡이 아지매 전순남 씨

이 때 당시를 표현하는 말들이 여전히 주민들 사이에서 통용되고 있는데 "부산에서 세금을 두 번째로 많이 내던 동네", "개도 만 원짜리를 물고 다니던 시절" 같은 것들이다. 결과가 있으면 원인도 있는 법. 대평동 깡깡이마을에 찾아온 호재는 당시의 시대 상황과 잘 맞물린 것이었다.

대평동을 대표하는 조선소 중 한 곳인 ㈜JY조선의 운영자 하병기 대표이사는 오늘날 JY조선이 이토록 건재할 수 있었던 데는 당시의 긍정적인 시대상황도 한 몫을 했다고 한다.

"설립자이자 저의 큰 형님인 하달기 회장님께서 주두홍이라는 분으로부터 조선소였던 땅을 인수받아 1965년 조양조선공업주식회사를 설립합니다. 설립 당시 대표이사 자리를 사촌형님이었던 정문신 대표에게 맡겼습니다. 설립 후 국가 전체에어선 신조(新造) 바람이 불어 대일청구권자금을 지원받아 조양조선에서 많은 어선을 만들었습니다. 무리한 경영 탓에 1969년 12월 19일 조양조선이 부도를 맞게 되었습니다. 조선소가 헐값에 넘어가고 조선소 식구들도 일자리를 잃게 될 위기에 처했습니다. 그때 설립자이신 큰형님께서 둘째 형님이신 하의기 대표에게 조선소 운영을 제안했습니다. 그 결정은 옳은 선택이었습니다. 그리고 무엇보다 당시 시대 운이 한몫을

했습니다. 박정희 정권 당시 모든 고리채를 동결하고 원금을 분할
상환하도록 하는 법이 시행되면서 이자에 대한 압박에서 조금은
벗어날 수 있었습니다. 게다가 원양어업 붐을 타고 전 세계에서
많은 어선들이 대평동으로 몰려들었습니다. 호재였습니다.
그러면서 부채를 다 갚고 조선소가 다시 살아날 수 있었습니다."

㈜JY조선 하병기 대표이사

1970년대 홍아해운의 대형 선박을 상가할 정도로 규모가 컸던 조양조선주식회사
사진 제공_ ㈜JY조선

이 시기의 대평동을 기억하는 사람들은 원양어업 이야기를 절대 빠뜨리지 않는다. 원양어업 붐의 정도는 그때 원양어선을 탔던 이들의 위상에 의해 확인되곤 하는데 당시 돈으로 몇 십만 원, 요즘으로 말하면 1억 원 가량을 벌었다고 한다. 그래서 원양어선을 타기 위한 로비도 치열했다. 원양어업을 하던 어종은 크게 명태, 오징어, 참치 세 가지로 나누는데 이들 각각은 조업하는 곳이 달랐다. 명태는 주로 러시아 캄차카, 참치는 사모아나 남미 지역, 오징어는 아르헨티나로 나갔다. 가장 먼저 시작된 것은 참치 어업으로 보통 배를 타고 나가면 3년 정도 조업을 했는데 3년 일하면 보통 집 한 채 값을 벌어오곤 했다고 한다.

"70년대였는데 내 나이 43살쯤 원양선을 타러 갔다. 당시 박정희 시대였는데 워낙 원양어업이 붐이라 원래 하던 이발소 일을 두고 어떻게든 배를 타겠다는 마음에 조리사 면허로 외국에 나갔다 왔다. 원양선을 타는 곳이 일본이었다. 부산에서 배를 타고 일본으로 가서 통나무 운반선을 타고 뉴질랜드 '휴바'라는 곳으로 갔다. 통나무를 싣는 배였는데 배가 6,400톤급이었다. 이때가 71년 아니면 72년인데 허리를 다쳐서 내릴 수밖에 없었다. 그래서 배를 탄 기간은 고작 3개월뿐이다."

대평동 주민 박OO 씨

원양어업의 붐은 선박 수리가 가능한 대평동에는 분명 호재였다. 게다가 70년대 들어 연근해수산업과 원양어업 또한 급격히 성장하는데, 전국 위판량의 30%를 차지하는 국내 최대의 수산물위판장인 부산공동어시장이 가까운 거리에 있었던 대평동은 수산업 성장의 수혜를 제대로 입게 되었다. 선후를 분명하게 따질 수 없지만 한국이 가파른 경제성장의 흐름 속으로 편입되고 있던 1960~70년대에는 국가 정부 주도로 조선공업육성사업이 수립되면서 이에 따라 조선관련 계획사업들이 확대, 시행되고 있었다. 대평동의 수리조선 호황은 정부의 조선(造船)공업 육성과 원양어업 붐 등이 서로 영향을 주고받은 결과였다.

1960년대까지만 해도 한국은 어선 엔진을 만드는 기술이 부족해 일본의 디젤 엔진(저속 엔진)을 가져다 쓰고 있었다. 대평동의 수리조선 업체들도 마찬가지였지만 1960년대 후반부터 국내 타 지역은 물론 세계 곳곳의 선박들이 대평동으로 몰려들기 시작한다. 그 배경에는 어선들의 기관 수리를 도맡아 하던 '선박공업사(철공소)'들이 있었다.

당시에는 어선마다 엔진의 모양도, 엔진에 사용하는 부품도 제각각이었는데 어느 한 부품이 고장 나면 그때마다 일본에서 공수해야 했다. 그러나 그것도 여의치 않게 된 후로는 대평동의 기관 수리 기술자들은 엔진도 부품도 직접 만들어 쓰기 시작했다. 형태가 제각각인 엔진 부품들을 직접 제작해 수리할 수 있었던 대평동 선박공업사들로 인해 "대평동에 가면 고치지 못하는 배가 없다"는 이야기가 안팎으로 통용되기 시작했다. 한 해 중 가장 많은 선박들이 수리를 하는 5월이 되면 대평동은 배를 고치기 위해 들어온 선박들로 북새통을 이뤘으며 1980년대에는 정식으로 국교가 수립되지 않은 소련 배들이 인도주의적 차원의 입항 허가를 받고 들어와 수리를 받고 떠나곤 했다. 대평동에서 가장 큰 조선소였던 '대동조선'에서는 선박을 만들어 세계로 수출을 하기도 했다. 그러한 과정을 거치며 7~80년대 대평동의 선박 수리기술은 절정에 이르게 된다.

특히 대평동 수리조선소에서 자랑할 만한 것은 운항 중에도 기관 수리가 가능했다는 점이다. 선박 조업 시간이 곧 돈으로 연결되는 어선의 경우 수리하기 위해 육지에서 많은 시간을 지체할 수 없어 가능만 하다면 운항 중 수리를 하는 것이 최선의 선택일 것이다. 보통 선박에는 2개의 엔진이 장착되어 있는데 엔진이 하나만 고장이 났을 경우, 대평동의 기술자들은 엔진 하나로 운항하게 하면서 다른 엔진을 수리하는 것이 가능했다. 간단한 일처럼 보일 수도 있지만 다른 한 쪽 엔진마저 잘못 돼

해상에서 배가 멈춰 버리면 곧 사고로 연결될 수 있기 때문에 웬만한 기술력 없이는 시도조차 할 수 없는 일이다. 그렇게 선주들은 대평동 기술자들의 기술력을 믿고 대평동으로 찾아왔다.

"이 동네에서 구할 수 없는 것은 전국 어디를 가도 구할 수 없을 것."

"다른 것은 몰라도 선박 수리에 있어서는 대평동이 한국 최고."

대평동의 전성기는 쉽게 얻은 것이 아니었다. 그 과정에는 끊임없는 연구로 선박 수리기술을 발전시킨 대평동 기술자들의 노력이 있었다. 오랜 기간 쌓은 피땀 어린 노력으로 최고의 자리까지 올랐던 대평동 수리조선소와 선박공업사들. 그들 한 명 한 명의 노력과 자부심은 곧 마을 사람 전체의 자부심이 되어 쇠락한 오늘날까지도 주민들을 지탱해 주는 원동력이 되고 있다.

주식회사 대양조선철공소 광고포스터

목선의 신조 · 수리 · 기관의 제작
주식회사 대양조선철공소
이사 사장 주두홍 TEL 4701
본사공장 부산시 대평동2가 1988

자료출처_ 조선(造船)조합 40년사 / 한국조선공업협동조합 발행

대평동 깡깡이마을의 전성기는 어디로?

 대평동 사람들은 원양어업이 본격적으로 쇠락하기 시작한 시기를 1990년대 말, 2000년대 초 정도로 본다. 당시 정부가 배의 수량을 줄이는 감선정책을 폈기 때문이라는 주장도 있고 잘나갈 때 마구잡이로 물고기를 잡다 보니 산란기 때에도 잡는 경우가 많아서 씨가 말라 버렸기 때문이라는 얘기도 있다. 그러나 이 시기 해역의 경계를 정하는 국가 외교적인 협상에서 수산업에 대한 지식이 부재한 채로 외교를 전개했고, 어선을 신조할 때의 정부 대출이 끊기면서 자연스럽게 감선을 하게 되었다고 한다. 단지 시대가 변했을 뿐이라지만, 마을은 그 변화로 급격하게 쇠락해 갔다.

2

수리조선소의 조력자들

선박들의 종합병원이 수리조선소라면

엔진, 전기, 부품 등을 담당하는 깡깡이마을의 공업사와 부품업체들은

종합병원의 내과, 정형외과, 신경외과 등과 같은 곳이다.

그리고 그곳에는 각 분야 최고의 기술을 가진 장인들이 있다.

대평동의 선박 수리기술자들은 7~80년대 마을을 수리조선의 메카로 만들었다.

처음에는 일본에서 건너 온 기술을 받아 후발 주자로 시작했으나

지금은 최고의 선박 수리기술자로 장인의 반열에 우뚝 섰다.

시대가 흘러 모든 것이 자동화되고 첨단화되어도

오래된 엔진으로 움직이는 어선과 사람의 손이 필요한 영역이 남아 있는 한

대평동 기술자들의 두 손은 멈추지 않을 것이다.

2부는 대평동 기술자들의 일과 열정에 대한 기록이다.

선박의 심장을 만지는 엔진수리공장

대호엔지니어링

"부산으로 왔는데, 와 보니까 뭘 해야 될지도 모르겠는 거야. 여기저기 다니다 보니까, 젊은 사람들이 시꺼멓게 해서 다니더라고. 이게 내 체질에 맞겠다 싶어서 일 좀 써 주면 안 되겠냐고 물었더니 당장 내일부터 나오라고 하더라고. 그때 대평동은 서로 다 못 먹고 하는 시대니까 서로 의지하고, 떡 하나를 가져와도 혼자 안 먹고 나눠 먹을 정도로 인심도 좋고. 그러다가 42년이 지났지."

대호엔지니어링 박병근 사장

단단하다라는 수식어의 정석을 보여 줄 것 같은 박병근 사장은 허심탄회하게 이야기했다. 어지간한 동네 철물점에 가서는 다 갖춰져 있지 않을 만큼 다양한 사이즈의 렌치들을 포함해 각종 정비 도구들로 가득한 대호엔지니어링 작업실에서 그와 만나 이야기를 나누는 일은 그렇게 일상적이지 않다. 작업실이라고 하면 적절한 말이 되려나. 매장도 점포도 아닌 데다 창고에 가깝게 물건으로 채워진 공간이니 말이다. 대호 엔지니어링에서 하는 일 자체가 선박이나 엔진 수리이다 보니 배에 올라가서 작업하는 외근이 더 많다. 현장 출장을 위해서 타고 다니는 스쿠터는 안장을 비닐로 덮어서 다닐 정도로 오래되었다.

선박의 심장 엔진. 3마력에서부터 10만 5천 마력까지 다양한 엔진들이 있다. 3마력짜리는 70kg 정도 무게가 나간다면 10만 마력짜리는 몇 천 톤이 나간다. 엔진이 커질수록 기통수도 많아지고 피스톤도 커진다. 엔진이 사람이라고 하면 그 엔진의 허리에 해당하는 부분이 크랭크샤프트(crankshaft)이다. 엔진 안에서 가장 중요한 이 부분을 포함해서 엔진 내부 피스톤 등 각 부위는 대체로 1년 내지 2년에 한 번씩 교체를 해 주어야 한다. 엔진을 열어 보고 부품의 크기를 측정해서 한계 허용치를 넘어서서 마모된 것들이 있으면 교체해 주는 작업이다.

작업에 소요되는 시간은 보통 5일에서 7일. 엔진이 더 커지면 보름도 걸리지만, 한 달은 넘어서는 안 되는 것이 이 일의 특성이다. 배가 여러 척이 있는 회사라면 배 한 척의 엔진 수리를 맡겨 놓는 동안에 회사에서 보유한 다른 배들이 영업을 다니면서 수익을 지속적으로 유지할 수 있겠지만, 자기 배 한 척을 움직이고 다니는 사람이라면 5일 수리에도 마음이 급해진다. 항구 정박비며 선원들 월급 주는 시간을 생각하면 엔진 수리에 배가 묶여 있는 상황이 달가울 리가 없다. 그러니 어지간하면 수리 기간을 줄여 주는 것을 선장들이 더 선호한다.

박병근 사장은 이런 점에서 자신이 최고라고 이야기한다. 똑같은 작업을 같은 인원을 붙여놔도 누구보다 빨리 할 수 있다고 당당하게 말할 수 있는 자신감이다. 그렇기 때문에 인천에까지 거래처가 있을 정도이다.

"밤에 갑자기 배가 고장났다고 하는 거야. 인천에서. 새벽 4시에 자는데 연락이 와서 고쳐 달라는 거예요. 부산에서 인천으로 가는 배인데 배가 아시탕(후진)이 안 되는 거지. 아시탕이 안 되면 배가 부두에 부딪쳐서 대형사고가 나거든. 부산에서 인천까지 KTX도 없고 밤에 내가 운전해서 갈 수도 없으니까 택시 탈 수밖에 없어요, 급하게 가려면. 그러면 보통 45만 원 달라고 해요, 인천까지. 그걸 타고 가서 해 줘요. 30년 동안 거래처니까 거절을 못 하는 거야. 내가 천만 원에 공사해 준다고 했을 때 다른 데에서 오백만 원에 해준다고 해도 그 회사에서 나한테 연락을 하거든. AS를 내가 해 주니까. 그러니까 나도 자다가도 가는 거지. 인천까지 그렇게 가면 너댓 시간 달리면 되거든요. 그러면 보통 10시간 안에 해결이 돼요."

대호엔지니어링 박병근 사장

이렇듯 이들의 외근이라는 것은 오랫동안 타 온 스쿠터에 몸을 싣고 대평동 조선소나 물양장에 정박되어 있는 배를 살펴 보러 가는 수준 정도가 아니다. 사고는 어디서나 날 수 있고, 엔진 사고는 배가 물에 닿기 전에도 일어난다. 그러면 배를 타고서라도 바다 위에 멈춰 선 선박을 향해 가는 것이다. 호우주의보가 있던 날 남해 앞바다에 멈춰 선 배를 수리하러 통선을 타고 너울파도를 넘어 가며 목숨을 걸고 배에 다가가던 때를 박병근 사장은 회상했다.

그런 기억들을 안고 세월을 넘어 오면서 지금에 이르렀다. 지금은 아들이 행정적인 것을 봐 주고 기술적인 작업은 본인이 하고 있다. 그는 가족의 이해와 도움을 받고 현장에서 열심히 일하는 아버지의 모습을 보여 주는 것에서 기쁨을 느낀다. 비록 예전처럼 젊은 사람들도 일거리도 많지 않아 대평동에서 미래를 준비하는 사람들이 많이 줄었다고는 하나 묵묵히 자기의 삶을 계속 살아가려고 한다. 앞으로 이십 년은 더 이 일을 하고 살 거라는 박병근 사장. 과거 밤 12시까지 켜져 있던 불빛들과 대평동 사방에서 들리는 주함마 소리가 사라진 지금도 이곳 대평동을 지켜가고 있다.

선박의 추진력은 우리가 책임진다
경진스크류

배가 등장하는 영화 외에는 스크루프로펠러를 볼 일이 거의 없지만, 대평동에 가면 길거리에서도 볼 수 있는 것이 이 프로펠러이다. 고철로 된 커다란 선풍기 날개쯤으로 생각하면 바로 연상이 되겠다. 보통 스크루프로펠러에는 날개가 3~6개 달려 있다. 선박이 추진력을 얻어 움직이기 위해 필수적인 부품으로, 옛날에는 망간-청동 합금이 많이 사용되었으나 오늘날에는 알루미늄-청동 합금도 많이 쓰인다. 러시아 선박들은 얼음을 깨면서 이동해야 해서 스테인리스 스틸도 사용한다고 한다.

항상 바닷물 속에 잠겨 있는 프로펠러에는 오랜 항해 동안에 쩍이나 파래 같은 불순물이 붙고, 프로펠러의 이가 나가기도 한다. 심각한 경우 프로펠러 한 부분이 아예 찢겨 나가는 경우도 있다. 눈으로 바로 보이지는 않지만 날개 각도가 틀어지기만 해도 선체에 진동이 올라오거나 선박의 추진력이 충분히 나오지 않고, 연료 소비도 많아진다. 그물을 끌 때에도 힘이 부족한 사태가 생긴다. 이럴 때면 수리가 필요하다.

수리에 들어가면 일차적으로는 불순물 제거 작업을 한다. 그런 다음 각 날개의 무게 중심을 맞춘다. 그리고 날개의 각도를 일정하게 맞추어 준 뒤 겉면을 연마하고 광을 내어 본래의 노랗거나 푸르스름한 색이 살아나게 한다. 과거에는 일체형으로 날개가 처음부터 다 완전히 붙어 있는 형태로 만들어졌는데, 지금은 각 날개가 하나하나 다 분리되어 있는 것을 결합시키는 형태로도 제작이 되기 때문에 날개를 개별적으로 수리한 다음 결합하거나 교체하는 작업도 가능해졌다.

강성현 이사는 자신들이 프로펠러 공장의 시초라고 하며 역사가 깊은 곳이라고 경진스크류를 소개했다. 처음 시작할 때에는 제작도 했으나 지금은 수리만을 전문적으로 하고 있다. 올해로 오십아홉인 강성현 이사가 이 일을 시작한 것이 41년이 되었으니, 실제로 그가 이 일에 뛰어든 것은 십대부터인 셈이다.

"우연히 길 가다가 보니까 다른 일보다 이게 좀 신기하더라고. 프로펠러 자체가. 대평동에 용접도 있고 기계 수리도 있고 한데 나는 그냥 이게 더 멋있었어. 그 당시에는 취직하기가 참 힘들었지. 사정사정해 가지고 들어와서 하다 보니까 사십몇 년이 그냥 지나갔어."

경진스크류 강성현 이사

일제강점기 때 첫 건물은 기와집으로 된 큰 건물이었는데, 공장으로 사용하기 위해 새로 건물을 지어 올렸다고 한다. 그런 건물이 다시 한번 외관 변신을 했다. 컬러풀 스트리트라고 하는 이름의 공공예술 프로젝트가 진행되어 경진스크류가 있는 일대의 몇몇 건물들 외벽에 다채로운 색상을 입혔는데, 이 건물도 이 프로젝트의 일환으로 주황색과 짙은 녹색으로 깔끔하게 채색이 되어 있다.

내부는 탁 트인 작업 공간이다. 벽에는 프로판 가스 등이 열을 지어 있지만, 중앙에는 작게는 2.5미터에서 큰 것은 3.5미터까지 가는 프로펠러를 수리하기 위한 작업 공간이 있다. 이곳에서 세 명 정도의 직원들이 프로펠러 수리 작업을 한다. 40년 전을 기억하는 강성현 씨는 많은 변화를 체감하고 있다. 그 무거운 프로펠러를 리어카에 넣고 끌고 다녔던 시절을 그는 기억한다. 그 시절에는 '조함마'라는 커다란 망치를 가지고 여러 사람이 돌아가면서 때려서 프로펠러를 만들고 수리했다. 용접기도 석탄을 놔서 열을 내어야 했다. 그랬던 것이 지금은 워낙 기계화가 잘 되어서 옛날에 비해 많이 좋아졌다고 한다.

시간이 흐를수록 그렇게 기술력은 좋아졌다고 하지만 스크루를 배워가다 보면 매번 새로운 물건에 익숙해져야 하는 상황에 맞닥뜨린다. 기종이 워낙 다양하다 보니 나름대로 공부를 해 가면서 일에 임해야 했던 것. 하지만 그렇기 때문에 자신이 하는 일이 특수 기술을 가지고 있는 특수 직종이라는 자부심을 가질 수 있었노라고 그는 말한다.

"나이가 지금보다 좀 더 젊으면 여기도 더 크게 확장을 해서 대형 프로펠러를 한번 만들어 보고도 싶습니다. 프로펠러 모양도 이 모양 말고 다른 걸로 바꿔서 실험도 해 보고 싶고. 그게 내 소망인데, 이제는 뜻대로 안 되겠죠. 한 이십 년만 젊었어도 해 보겠는데. 그냥 우리가 수리한 스크루를 달고 배가 잘 출항하면, 아, 저 배가 내가 수리한 건데, 하면서 만족하는 거지. 내 배가 잘 나간다 하고 선주들이나 선원들한테 칭찬받는 그게 매력이라고 봐야지."

경진스크류 강성현 이사

단골이 좀 있느냐는 질문에 뜻밖의 대답이 돌아온다. 프로펠러도 매양 돌고 도는데 사람도 마찬가지라는 것. 이 집도 가 보고 저 집도 가 보고 그러다가 자기 마음에 들면 오는 거라는 털털하고 유연한 마음가짐이다.

프로펠러가 강도가 세면 안 된다고 한다. 프로펠러도 물론 중요하지만 이 프로펠러가 너무 강도가 세 버리면 그 안에 있는 더 중요한 기계에 손상이 갈 수 있기 때문에 프로펠러는

돌아가면서 다치고 부러져야 한다. 그런 만큼 프로펠러의 평균 수명 그 자체보다는 정비 관리를 잘 해주는 것이 더 중요하다. 이것만 잘 해주면 충분히 오래 갈 수 있는 것이 프로펠러라는 것. 프로펠러가 지닌 이러한 특성이 지금의 경진스크류에 겹쳐진다. 억세지 않고 유연하게 긴 세월을 지금까지 이어온 그 어떤 힘 말이다.

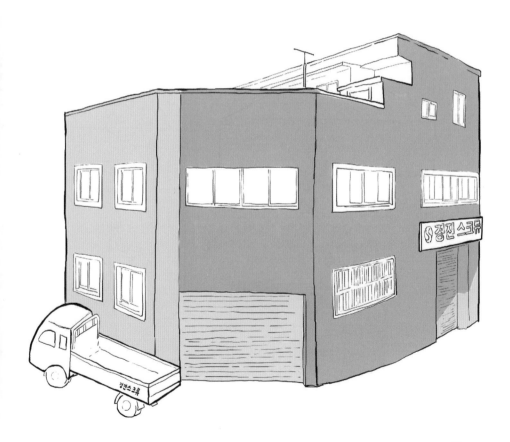

금보다 귀한 아연의 희생

부산아연

여길 가게라고 해야 할까, 공장이라고 해야 할까. 공장이라 하기엔 내부가 작고 눈에 띄는 설비 같은 것이 별로 없이 휑하다. 가게라고 하기엔 있는 물건이라곤 쌓아놓은 은색 주괴들뿐인 데다 일하는 사람들은 분주히 제 일을 할 따름이다. 입구 오른쪽 벽에 BSZ이라고 적힌 은색 벽돌 같은 아연판 견본을 규격별로 붙여 놓았다. BSZ는 이 가게의 이름인 부산(BS)아연(Zn)의 약자이다. 부친의 뒤를 이어 이곳에서 30년 넘게 일해 온 고(故) 이상직 사장은 선친께서 이 약어를 붙였다 한다.

"가운데에 B를 넣어 놓으면 B급이란 소리 안 듣겠습니까, 하고 말도 해 봤는데 어르신이 그걸 고집하셔 가지고. 그래서 넣었습니다."

부산아연 고(故) 이상직 사장

살면서 주변에서 볼 수 있는 금속을 곱씹어 본들 철 아니면 알루미늄 이상이 얼마나 있겠나. 그런데 이곳은 아연을 취급한다. 혹시나 우리 주변에 쓰임이 또 있나 싶어 찾아봐도, 영양소로서 아연보충제 정도만이 검색된다. 아니면 건전지의 부속처럼 눈에 보이지 않거나, 고속도로 가드레일처럼 이게 아연인 줄도 모르는 거거나.

아연은 산화 서열이 높은 금속이다. 쉽게 말하자면 철보다 빨리 부식된다. 염분이 함유된 바닷물이 닿는 배 밑바닥에 일정한 간격으로 아연판을 부착해 놓으면 아연이 철보다 먼저 산화되기 때문에 철의 부식을 늦추어 주는 역할을 한다. 바닷물뿐만이 아니다. 특히 옛날에는 엔진을 가동할 때 발생하는 전기가 선체에 흐르는 경우가 생겨서 선체를 상하게 만드는데, 이 경우에도 아연이 먼저 녹아서 선박의 부식을 막는다. 이러한 특징으로 인해 이 아연판의 정식 명칭은 비장하게도 '희생양극아연(sacrificial ziAC anode)'이다. 작은 배 한 척에는 4~50개가 사용되고 큰 배에는 백 개가 넘게 사용된다고 하지만, 눈에 보이지 않는 곳에서 사용되기란 배가 크든 작든 매한가지이다.

부산아연은 실내 공간 가운데를 널찍하게 터 두어 그리 크지 않은 실내가 좀 휑해 보이기까지 한다. 이곳에 주조가 끝난 아연 주괴를 금괴 마냥 차곡차곡 쌓아올려 두는데, 성인 남성의 허벅지 높이 정도까지밖에 쌓지 않아서 더욱 허전해 보인다. 그래도 아연판의 규격에 따라 각각의 더미로 만들어 놓아서 서너 더미 정도가 가운데 공간에 떡하니 자리잡았다.

입구에서 맞은편 벽에는 커다란 덕트 아래로 옛날 시골집에서 쓰던 부엌 아궁이와 솥 같은(모양도, 크기도) 새하얀 스테인리스 재질 용광로가 있다. 아연의 녹는점은 429도. 아궁이에 불을 떼기 시작해서 저 온도를 맞추어 아연을 녹이는 데에 걸리는 시간은 2시간 정도라 한다. 부산아연 가게 안으로 들어서는 순간 밖과는 차원을 달리하는 후끈한 열기가 느껴지는 것은 이 때문이다. 끓는 아연을 국자로 퍼서 아연 금형에 부어서 식히면 금방 식어서 완성시키고자 하는 주괴의 형태가 나온다. 틀에서 그것을 털어내어 모양을 정리하면 완성이다. 첩첩이 쌓인 아연은 은빛 광택이 도는 흰색으로 빛난다.

용광로 옆 벽에는 시력검사표처럼 생긴 판이 있다. 원판이 맨 위 100부터 맨 아래 20까지 사이즈별로 내려가고 있는 것이다. 아연판을 배에 부착할 때에 사용하는 볼트의 규격으로 보인다. 배에 들어가는 부품은 배만큼 다양하다더니, 아연판 두께는 물론이거니와 아연판 고정용 볼트들까지 이렇게 각양각색이다.

부산아연의 실내 공간을 채우는 것들은 이것들이 전부이다. 아연 주괴 더미와 주괴 제작용 금형, 그리고 아연판 부착용 볼트가 각각 더미를 이루어 쌓여 있고, 박과장이라는 호칭으로 불리는 기술자와 고(故) 이상직 사장이 작업대 주변에서 오간다. 그 외 여남은 휑한 공간을 채우는 것은 용광로에서 발한 열기이다. 그중에서도 사장이 가장 중요하게 여기는 것은 금형이다.

"우리 제일 큰 자산은 금형 틀이죠. 이십 년 가까이 이때까지 내 묵고 살게 해 주는. 물론 이것도 처음에는 돈을 들였지만, 돈 안 들고 물건을 만들 수 있는 거는 이거니까 그래서 고마운 거죠."

부산아연 고(故) 이상직 사장

아연이 튀는 것도 있지만, 오히려 기술자도 고(故) 이상직 사장도

이 일을 하면서 어려웠던 점에 대해서 기억을 더듬어 본다면 아연 제작 작업이 아니라 설치 작업이다. 직접 설치를 나갈 때가 있는데, 열악했던 조선소 사정으로 한번에 도크에 상가할 수 있는 배가 두 척인 경우에 뒷배는 밀물 때 배 바닥 부분이 물에 잠겨 있다 한다. 그런 경우에 아연판을 설치하기 위해서 바닷물에 직접 들어가서 해야 하는 것. 겨울에 바다에 들어갈 경우가 그렇게 고생스러웠다고 고(故) 이상직 사장은 회상한다.

"선주가 갑이니까 어쩔 수 없어요. 선주가 달라면 달아야 하고. 그랬는데 아연이 안 녹았다, 그러면 이제 을이 막 깨지는 거죠. 옛날에는 그랬는데 지금은 그냥 그것도 추억인 거 같아요."

부산아연 고(故) 이상직 사장

부산아연 사람들은 다들 수더분하니 선선한 성품이다. 아연을 다룰 법한 분들이 아연을 다루고 있는 것 같달까. 골목 안에 있어 밖에서는 잘 보이지도 않는 건물 속에서 묵묵히 제 일을 하는 대평동의 많은 사람들의 모습을 부산아연에서 이렇게 엿볼 수 있다.

나무부품모형을 만드는 장인(匠人) 형제

진영목형

배의 부품을 다루는 일들 중에서 섬세하지 않은 작업이 어디에 있겠느냐만, 나는 완전히 엉뚱한 곳에서 이곳의 섬세함을 생각했다. 입구 바로 앞의 화장실에서 말이다. 바다와 배라고 하면 언제나 좀 남성적인 이미지를 떠올리기 마련이고, 실제로 대평동에서도 일하는 사람들은 대체적으로 남자들이다. 선주도 선주이지만 고된 힘을 쓰는 기술직들이 많다 보니 그러할 법하다.

진영목형은 몇 안 되게 여자 화장실이 입구에 있는 곳이었다. 나름의 이유가 분명히 있겠지만, 다른 곳에서는 쉽게 보기 어려운 여자 화장실을 별도로 마련해 두었다는 것은 분명 이곳에 있는 분들은 사람에 대한 시선이 다를 것이라는 생각을 갖게 된다. 그리고 실제로도 진영목형은 다른 곳과는 분위기 자체가 다르다.

건물 안으로 들어서는 순간 근대초의 영화 세트장에 온 것 같은 기분이 든다. '암살'이나 '밀정' 같은 영화들에서 보여 주는 근대의 풍경 속에 나타나는 빈티지한 노란 빛이 공간에 감돌기 때문이다. 초록색, 파란색 혹은 잿빛의 벽으로 되어 있는 대평동의 많은 곳들과는 느낌이 완전히 다르다. 심지어는 지붕의 안쪽 경사면조차 석재 또는 플라스틱 슬레이트가 아니라 목재로 되어 있다. 기둥마다 쌓여 있는 나무 톱밥, 지붕쪽 창고 공간에 쌓아둔 길쭉한 나무판들을 보면 목공소라고 해도 과언이 아니다.

진영목형에서 만드는 것은 주물 틀이다. 쇠로 만든 주물 틀이 금형이라면 나무로 만든 주물 틀이 목형이다. 외관 위주로 단순한 형태의 부속은 기계나 레이저로 금형을 제작해서 용탕(주조에서 녹여 넣는 용융 금속)을 부어 만드는 것이 가능하다. 하지만 엔진이나 모터 같이 안쪽 깊숙이까지 복잡하고 정교한 구조는 기계를 사용해 바로 깎아서 금형을 만들 수가 없다. 그렇기 때문에 용탕을 부을 금형을 만들기 위해서는 만들고자 하는 부속의 완제품 모형이 있어야 한다. 이것을 나무로 똑같이 만든 것이 목형이다. 이 목형을 주물공장에 납품하면 주물공장에서 이 목형을 토대로 흙으로 주물 틀을 만들어낸다. 바로 이 목형을 만들어 주물공장에 납품하는 것이 진영목형에서 하는 일이다.

요즘과 같이 공장에서 일정한 형태로 엔진을 만들어 낼 때와는 달리 과거에는 배를 만드는 곳마다 엔진 등의 주요 부속을 제각각의 형태로 만들었기 때문에 목형이라는 것이 딱 하나만 만들고 끝낼 수 있는 것이 아니었다. 그리고 전체의 형태를 한번에 만들어 내는 것이 아니라 각 부분을 하나하나의 부품으로 분리해 도면에 따라 정확하게 재단한 다음 그걸 조립해서

만든다. 그런 만큼 굉장한 정확성이 요구되는 작업이며, 고도의
집중력과 섬세함이 필요한 작업이기도 하다.

형인 황점성 사장이 이 일을 시작한 지가 48년, 동생인 황갑성
과장은 그보다 조금 늦게 시작해 35년 정도 된다. 까다롭고 힘든
기술을 배워서 일로 시작한 형으로서는 그냥 놀러왔다가 나무
빚어내는 작업이 신기하고 재미있어서 이 일을 하고 싶어했던
동생에 대한 걱정과 못마땅함이 반반이었다. 그러나 기술을 배운
뒤에 일을 굉장히 잘 하는 동생을 보고 지금까지 함께 해 오게
되었다.

"처음에는 제가 안 데리고 있었고, 다른 데다가 소개해 줬죠.
다른 데에도 한번 가 봐라. 다른 데에서 고생해 보고, 그 다음에
나한테 와라. 그런데 그렇게 간 회사가 잘 안 되어서 공장을 안
하게 되니까 그냥 나한테 들어왔지. 그렇게 기술을 배웠는데 아주
잘 합니다."

진형목형 황점성 사장

처음에 도면을 그리고 그에 맞추어서 나무를 재단한 다음 그걸
조립해서 검사까지 마치는 데에 소요되는 시간은 약 열흘 가량.
요즘에 나오는 조금 복잡한 고속 피스톤 정도가 그러하고, 더

크고 복잡한 엔진의 경우에는 한 달 가까이 시간이 소요되기도 한다. 옛날에는 이것을 일일이 다 수작업으로 처리했는데 지금은 기계를 사용해서 작업을 하기 때문에 상대적으로 수월해졌다고 한다. 그러나 어쩐지 목형이라는 것은 사람의 손으로 만든 것이라는 느낌이 주는 맛이 있다. 가만히 보면 진영목형 안에 있는 컴퍼스 등의 작업 도구, 선반 부속 등도 나무를 직접 깎아 만들어서 사용하고 있는 것들이다.

이곳의 형제들은 목형을 만드는 것에 대한 자부심을 느낀다. 원래 만들고자 한 것과 한 치의 오차도 없이 정말 사진을 찍어 놓은 것처럼 나오는 그 순간에 대한 보람에서부터, 배에 사용되는 가장 중요한 부속을 만드는 데에 없어서는 안 될 작업을 했다는 보람까지. 출입구 위 환기창 크기의 공간에 맞게 나무를 자른 뒤 그 위에다 그려서 만든 '진형목형'이라는 소담한 간판부터 여자 화장실의 존재감, 만들어 쓰는 도구들에 이르기까지 많은 부분에서 이들 형제의 세심한 감각이 엿보인다. 일감이 들어와 바쁠 때에는 고도로 집중해야 하는 만큼 예민해질 때도 있지만, 그렇지 않을 때에는 털털하고 또 인자하게 맞이해 주는 이들을 진영목형에 가면 만나 볼 수 있다.

선박의 혈관, 파이프의 모든 것
성주철재

　대평동을 가로지르는 대로변에서도 블록 모서리에 자리한 이곳은 원(圓)과 쇠(鐵)의 집합소다. 다른 가게라면 문짝이나 벽이 있겠지만 그러한 것들을 다 없애고 굵고 가는 쇠파이프들을 한껏 쌓아 두었다. 그냥 쌓는다는 표현보다는 '끼워 쌓다'라는 표현이 정확한데 직경이 좀 크다 싶은 파이프 안에는 더 가는 파이프들을 첩첩이 꽂아 두었기 때문이다. 참으로 대단한 공간 활용이며 거대한 쇠파이프를 연필통에 꽂아 둔 연필마냥 잘 정돈해 놓은 이곳 주인의 능력에 절로 감탄이 나올 뿐이다.

　배와 관련한 건 없는 것 빼고 다 있다는 대평동에서도 선박 파이프만을 전문적으로 취급하는 곳은 유일하다고 한다. 다른 곳의 철재상을 가 보아도 대개는 여러가지 철판이라든지 앵글과 같이 다양한 철물 재료를 취급하는데, 이곳은 오직 파이프만 취급한다. 보유하고 있는 파이프의 양만해도 백 톤이 넘을 거라고 한다. 그런데 이 정도의 양으로도 늘 없는 종류가 있다. 그래서 안 맞으면 다시 차로 파이프 대리점에 가서 맞는 것들을 싣고 온다.

　파이프를 취급한다고 했는데, 성주 철재에서 하는 것이 파이프 제작은 아니고 파이프를 절단하고 납품하는 작업이다. 선박 곳곳의 배관에 쓰이는 파이프의 양은 굳이 말할 필요가 없을 정도로 많다. 견적이 들어온 치수의 파이프를 준비한 다음 견적대로 치수를 재어서 그 둘레를 초크로 표시한다. 그런 다음 프로판 가스를 이용한 절단기로 잘라낸다. 1,400도 정도로 고열로 달군 파이프에 고압 산소를 불어 주면 금속이 잘리게 되는 원리이다.

　워낙에 실내 공간이 없으니까 절단 작업도 건물 밖인 인도에서 한다. 프로판 가스관을 길게 늘인 절단기가 가게 앞을 가로지르고 있다. 파이프가 큰 것은 지게차로 뜬 상태에서 잘라서 무거운 파이프가 바닥에 떨어짐으로 인해 생기는 사고를 막는다. 똑같은 규격처럼 보이는 파이프라도 그 파이프를 이루는 철근의 두께가 서로 다를 수 있기 때문에, 그 두께에 맞추어서 절단기의 압력을 조절하는 것도 다르다. 그런 것 하나하나가 사소해 보이지만 45년 가까이 일하면서 쌓아 온 요령이다.

철을 취급하는 일이다 보니 사실상 버릴 것이 없다. 전체 파이프에서 일부만 잘라낸 이후 그 작게 떨어지는 부분까지도 다 결국에는 쓰이는 곳이 있다고 한다. 비바람을 막지 못해서 대평동의 상징과도 같은 녹이 슬기는 하지만 배에 들어가면 새로 닦아내고 페인트칠을 하기 때문에 철재가 심하게 부식되는 일만 없으면 된다. 그렇게 심하게 부식될 정도로 오래 재고가 쌓여 있지도 않는다. 그럴 만큼 파이프의 쓰임이 많다는 뜻이기도 하다.

성주철재의 이영완 사장은 올해로 예순여덟이 되었고, 스물셋 무렵부터 시작해서 지금까지 줄곧 이 파이프만 해 왔다. 자신의 일의 요령을 꾸준함으로 삼고 있다. 산소 절단기를 다루는 요령만 해도 그렇다. 사실 산소 절단기는 조금만 잘못 다루면 파이프의 절단면이 곧게 되지 않을 가능성이 높다. 파이프를 돌려 가면서 잘라 내는 동안에 파이프의 위치도, 절단기의 위치도 고정되어 있어야만 하는 작업이니까. 언뜻 보면 특별한 기술이 필요 없을 것 같지만 실제로는 안전을 위해서도 정확성을 위해서도 고도의 집중력이 요구된다. 그것을 잘 다루는 방법에 대해, 이영완 사장은 운전을 계속 해야 늘듯이 산소 절단기도 그냥 계속 사용하다 보면 된다고 느긋하게 풀어놓는다.

이런 성품 때문인지 성주철재에서는 아직도 산소 절단기를 고집한다. 대평동에 있는 많은 이들이 세월이 지나면서 더 나아진 기술에 대해 이야기하곤 한다. 깡깡이 아지매들은 그라인더가 생겼다고 하고, 작업장에 있는 이들도 기계 공구들의 덕을 본다고 말한다. 성주철재의 경우에도 자동절단기가 있다. 그러나 오히려 성주철재의 기술자들은 손에 익은 산소 절단기를 굳이 자동절단기로 바꿀 필요성을 느끼지 못한다. 그렇게까지 큰 규모가 아니기 때문이라고 점잖게 이야기하지만, 오히려 자동절단기보다 손에 익은 산소 절단기가 더 작업이 빠르다고 믿는다.

"우리 같은 경우는 규모가 크지 않으니까, 그때그때 주문 들어올 때마다 산소로 잘라가지고 얼른 가져가서 얼른 배에 붙이고 해야 하니까. 빨리빨리 해야지. 인건비가 더 비싼 거니까 빨리 배에 붙이고 해야 조선소 운영하시는 분들도 인건비 절감하고 좋은 거니까."

성주철재 이영완 사장

파이프 일 말고 다른 일은 생각도 해 본 적 없고 앞으로도 딱히 다른 일을 생각하는 게 없다고 하는 만큼 우직한 맛이 있다. 파이프 공부도 그때그때 필요한 만큼만 익혔기 때문에 딱히 어려운 것도 없었다고 말한다. 그런 사장에게 대평동은 그저 소중하고 고마운 장소이다.

"여기 조선소 계시는 분들이나 철공소 분들, 전부 내 평생 단골이지. 이 동네가 전부 내 단골이라서 나를 먹여 살린 분들이야. 안 그래요? 그러니까 항상 고맙게 생각하지. 지금 경제가 조금 어렵지만 그래도 다들 자기 계발하면서 잘 살아가고 있으신 거 같아서 참 고맙고, 다들 더불어서 잘 됐으면 좋겠어요. 다른 건 없고."

성주철재 이영완 사장

선박의 신경을 만지는 선박전기기술
예광전기공업사

예광전기공업사에 가면 적어도 두 번은 놀란다. 일단 한번은 건물 외관이다. 석재 슬레이트를 얹은 삼각 지붕으로 된 2층 높이 건물 전면부는 오돌토돌한 장식 위로 고운 옥빛 칠이 되어 있다. 지붕 바로 아래에 붙은 환기창도, 2층에 있는 창도 좌우 대칭으로 붙어 있고, 정가운데 출입구 위로 한자 계(桂) 자가 큼직하게 돋을새김 되어 있다. 지금 예광전기의 최경섭 사장은 본래 일본 사람이 지은 이 건물을 두 번째로 인수한 사람이다. 아마도 이 한자는 건물이 처음 만들어질 때부터 있었을 테니 지금의 예광전기와 직접적인 관련은 없다. 그러나 대평동에서는 찾아보기 어려운 예스럽고 이국적인 운치가 있는 건물임은 분명하다.

두 번째로 놀라운 것은 건물 안쪽 공간에 파란 비닐에 싸인채 쌓여 있는 기계들이다. 이것들이 다 배에 들어가는 발전기나 윈치 등이다. 작지 않은 내부 공간에 무더기로 쌓여 있는 배의 부품들을 보면 입이 떡 벌어질 정도로 많다. 옛날에는 일본의 수입업자가 중고를 수입해 온 것을 분해해서 정비해 놨다가 되파는 작업을 했었는데, 요즘에는 쓸 만한 물건을 직접

수입해서 온다고 한다. 중고를 고쳐서 되파는 것 말고도 배에 직접 가서 전기 설비를 손본다든가 배전반을 만들어 주는 등 선박의 전기 관련 작업 전반에 손을 쓸 수 있다.

오십 년이 넘는 경력의 최경섭 대표는 그것이 죽을 고비인 줄도 모르고 죽을 고비를 숱하게 넘겼다고 지난 세월을 회고한다.

"통상적으로 어선에 쓰는 배터리는 220V예요. 조금 큰 배는 440V고. 이 440V가 정말로 위험해요. 내 후배 중에는 이 440V를 잘못 건드렸다가 화상을 입기도 했어요. 220V도 안 위험한 게 아니라, 평상시에는 손으로 잡고 있어도 괜찮기는 한데 땀이 쫙 났을 때 그걸 잡으면 몸으로 전기가 통합니다. 발에도 땀 날 거 아니에요, 그죠? 이 염분 때문에 땀이 막 흘렀을 때 전기가 잘못 통하면 쇼크를 받아요. 옛날 내 친구 일했던 곳의 공장장이 그렇게 해서 돌아가셨어요."

예광전기공업사 최경섭 대표

옛날에는 선박용 배터리를 공장에서 자동 생산해 내지 않고 직접 만들었다고 한다. 내부에 납이 연결되어 있는데 오래 사용하면 이 납이 닳으면서 더 이상 사용이 불가하게 된다. 그러면 배터리를 열고 그 안에 있는 딱딱한 쇠팔레트를 씻어낸

다음 납으로 떼워 칸칸을 만들어서 배터리액을 다시 채운다.
이 유해한 중금속이 묻어 있는 쇠팔레트를 하루에 몇백 장씩
씻다 보면 독성 물질 때문에 손이 붓고 엉망이 된다. 배터리액은
보통 옷에는 튀면 옷이 상해 버릴 정도로 독하다. 더러운
발전기를 씻는 데에는 옛날에 석유를 사용했는데, 이 석유를
다시 씻어내기 위해서 특수 기름인 삼연마라는 것을 사용했다고
한다. 이 삼연마 역시 잘못 흡입하면 환각 작용이 일어날 만큼
독했다. 마스크도 없던 시절에는 그런 냄새를 맡고 환각에
시달려가면서도 일했다.

이렇게 가혹한 환경 속에서 기술을 배우는 것조차 쉽지 않았다. 옛날에는 기술을 노출시키지 않으려고 했다. 기술을 독점하는 것이 살아남기 위한 전략이었던 시절이다. 제자가 언제라도 경쟁자가 될 수 있었기 때문에 심지어는 계산을 해도 종이에 몰래 적어서 하고는 그것을 찢거나 태워 버리기까지 했다고 한다. 이렇듯 기술자는 직접 가르치지 않아도 일하는 사람으로서는 어깨너머로 계속 배울 수밖에 없었다. 때리면 맞아 가면서 말이다.

"옛날에는 그랬는데 요즘에는 좀 다르죠. 우리가 10년 동안 배웠던 걸 요즘은 2년 3년 안에 배우고. 지금 만약에 종이로 계산하고 보고 찢어 버렸으면 그 회사에 누가 있겠어요? 다 나와 버리지. 지금은 다 가르쳐 주고 하나라도 양성을 해야 하는 입장이죠. 후대가 끊겨 버렸으니까."

예광전기공업사 최경섭 대표

다른 곳들과는 달리 최경섭 대표는 오히려 시간이 지나면서 일적으로 더 어려워진 점이 있다고 한다. 예전에는 배들의 전기 배선이나 구조가 굉장히 단순했다. 어쩌다 내부에서 불이 하나 들어오지 않으면 스위치를 교체하거나 선을 연결해서 불을 켜주면 되는 정도 수준이었다. 그러나 지금은 전자 장비를 사용해서 버튼 하나만 눌러도 모든 것이 작동되는 자동화 시스템이 도입되었다. 전자를 배우지 않았기 때문에 이런 복잡 다양한 구조에 대해서는 수리가 상당히 힘들다고 고백한다. 그렇다 해도 긴 시간 동안 해 온 일들이 있기 때문에 증상을 보고 어떤 부분에서 이상이 있는지 정도는 바로 알 수 있다. 그것이 대평동에서 지금까지 이어올 수 있었던 연륜이기도 하다.

 그렇게 어려운 시절을 넘겨와 지금에 이르렀다는 것 때문에 최경섭 대표가 가지고 있는 자부심은 남다르다. 전기업에 대해서는 무에서 유를 창조하는 일이었다는 것이다. 물려받은 것 하나 없이 전기 장비 몇 개에 맨몸으로 뛰어들어서 그 고난을 겪어 내고 지금에 왔다는 것을 자랑스러워하는 그의 모습에서, 이날까지 대평동에서 제 모습을 간직하고 있는 옛 건물의 뚝심이 넌지시 보이는 듯도 하다.

대평동 미다스의 손
부영기계

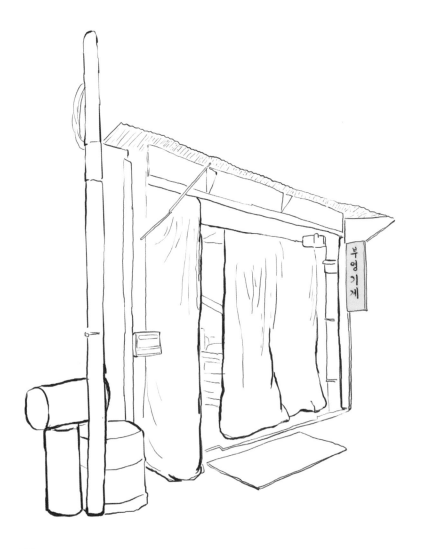

간판부터가 정직하다. 노란색 간판 앞에 궁서체로 네 글자, '부영기계'가 세로쓰기로 적혀 있다. 서터는 위로 올렸지만 그 앞은 투명과 반투명이 혼합된 비닐막을 입구에 드리웠다. 사람 한 명이 드나들 수 있는 정도로만 들쳐 놓은 이 비닐 출입구 안쪽으로, 대평동의 상징 같은 푸른 벽에 선반, 밀링 등의 기계 장비가 놓여 있다. 선반 위에는 가공을 할 수 있는 철판이 쌓여 있고, 더 위로는 각종 부속들이 한가득이다. 이곳이 바로 대평동에서 단종된 부품들까지 다 만들고 수리할 수 있다는 부영기계이다.

부영기계의 임형욱 사장은 옛날부터 만드는 것을 좋아했다. 그중에서도 그의 마음에 쏙 들었던 것이 바로 기계 및 기관 수리. 양복점에도 가 보고 구두쪽 일도 보았고 목형까지도 한 번 알아 보았지만 어느 것 하나 성에 차는 것이 없었다. 결국 그는 몇 군데를 돌고 돌아 기계 수리 일하는 곳에 들어오게 되었다. 그러나 처음부터 기계를 만질 수는 없었고 청소부터 해서 보조 일만 십 년 가까이를 하다가 마침내 이것을 업으로 삼게 되었다. 그런 마음으로 하다 보니 일을 하면서 피곤하거나 지겹거나 한 적이 없었다고 한다.

"선반을 돌리기 시작하면, 기계든 뭐든 뭘 만들면 피곤한 건 없어. 저녁이 되어 집에 가면 피곤하지. 그런데 그것보다도 일에 대한 생각이 머릿속에 계속 난다고. 선반 하면서 기계 제작하는 사람들은 항상 머릿속으로 만들 것의 그림을 그려. 이걸 어떻게 해서 어떻게 깎고 이렇게. 그렇게 순서를 하나하나 매기다 보면, 자다가도 그런 꿈을 꾼다니까. 피곤하다가도 그래도 아침이 되면 또 새로운 마음이라. 일 자체가 자꾸 뭔가 변형이 생기거든. 그래서 성취감이 굉장히 많아요."

부영기계 임형욱 사장

부영기계에는 완제품과 관련해 작업 의뢰가 들어오는 경우가 거의 없다. 배 엔진이든 디젤 부품이나 냉동 부품이든, 발전기든 무엇이든 그 기계를 구동시키는데 필요한 일부 부품에 대한 의뢰가 들어온다. 배에서 이런 것들을 사용하다가 고장이 나거나 문제가 생길 때에 그 부분을 수리하거나 교체하기 위한 부품 몇 개에 예비 부품 몇 개 정도를 만드는 작업이다. 워낙 기계의 분류가 방대해서 각 유형별로 각각의 전문 업체들이 따로 있기 때문에 그러한 전문 업체가 있는 기계의 수리 의뢰가 들어오는 것은 어지간하면 해당 업체로 안내한다. 부영기계에서 전문적으로 담당하는 것은 기관 수리이다. 그렇지만 배의 부품에 대해서는 만들어 달라고 하면 무엇 하나 빠지는 것 없이 뭐든 다 만들 수 있다고 말할 정도로 자신감이 있다.

제일 자신 있는 부분은 선반으로 금속을 깎는 작업이다. 사정이 그러하다 보니 선반 작업용 기계는 더 많이 가지고 있다. 그런데 혼자서 일을 하는 편이기 때문에 굳이 자신의 일을 선반 작업에 한정짓지는 않는다. 용접하는 사람, 기계를 수리하는 사람, 조립하는 사람, 보조까지 다 따로 있었던 예전에는 선반 가공만 전문으로 했는데, 지금은 그렇지 않아서 뭐든 다 혼자서 할 수 있어야 한다. 심지어는 다 해서 배에 납품하는 것까지 하기도 한다. 그렇게까지 해도 지금은 각 기계별로 전문 업체가 있어서 일이 예전처럼 많지는 않다.

기계를 다루는 일이니만큼 위험한 경우가 없지 않다. 먼지도 많이 일어나는 데다 금속을 갈아내는 일이기 때문에 마스크를 쓰는 게 좋다는 것이야 두말할 나위가 없겠지만, 장갑이 기계에 말려 들어가서 손가락이 부서지는 사람도 더러 있었다고 한다. 그러나 작업할 때에 긴장하게 되는 것은 몸이 다칠까 하는 염려 때문이기 보다 결과물이 제대로 나오지 않을까 하는 부분이 더 큰 듯하다. 잘못 깎아서 부품을 못 쓰게 되면 안 되기 때문에 자로 계속해서 재어 보면서 작업을 하고, 열이 많이 나면 식혔다가 다시 가공하는 등 세심하게 작업을 한다.

임형욱 사장은 자신의 일에 대한 자부심 하나는 대단하다. 어디서나 부품을 만들 수는 있지만, 눈에 보이지 않기 때문에 뭐라 말로 표현하기 어려운 차이를 낼 수 있다고 한다. 그렇기 때문에 자신의 실력을 알아주는 사람도 있다는 것. 그렇게 자신이 즐거움을 느끼는 일을 하면서 생활을 이어갈 수 있음에 스스로에게 고마움을 느낀다고까지 그는 표현한다. 그런 마음으로, 비록 좀 좁은 공간을 얻어서 하는 작업이지만 만족스러워 할 줄 안다.

그가 보여 준 이 자부심이라는 것은 대평동에서 빛나는 시절에 자신의 것을 이루어 낸 모든 어른들에게 공통적으로 찾아볼 수 있는 그것이 아닐까. 그는 지금도 대평동이 그때처럼 잘 되었으면 좋겠다는 바람을 가지고 있다. 대평동 거리를 걷다 보면 들을 수 있는 두 개의 소리, 망치질하는 소리와 그라인더 가는 소리 중 후자의 소리를 만드는 부영기계. 그 소리가 대평동의 박동 소리처럼 지금도 살아서 뛰고 있다.

선박의 관절, 벨로우즈 공장
광신벨로우즈

플라스틱으로 만들어진 주름진 접이식 물통인 자바라 물통은 요즘에는 시중에서 보기 힘든 듯하다. 이삼십 년 전까지만 해도 약수터에 물 뜨러 다닐 때의 필수품에 가까웠는데 지금은 물을 사 마셔서 그런지 캠핑용품에서나 좀 보인다. 초등학교 미술용품으로는 지금도 여전히 쓰지 않겠느냐만, 미술이란 걸 할 시기가 보통 사람들에게 있어서는 학창시절로 국한되어 있으니 잘 볼 일 없기는 매한가지일 것이다. 물론 자바라는 일본말이고 지금은 접이식 물통으로 쓰는 것이 옳다. 일제 강점기에 선박 산업이 비약적으로 발전한 대평동의 경우는 일본어를 빼고서 작업을 하기가 외려 더 어렵기도 하지만.

이렇게 주름이 져 있는 금속으로 만들어 놓은 부속의 명칭이 벨로우즈(bellows)이다. 원래 벨로우즈는 풀무를 뜻하는 말이다. 대장간이나 제철소 등지에서 용광로의 불을 더 강하게 만들기 위해 산소를 공급시키는 장치인 풀무에는 주름이 잡힌 공기 주머니가 달려 있다. 이 공기주머니와 마찬가지로 주름이 잡혀 있는 통풍관을 부를 때에도 이 용어를 사용하는데, 광신 벨로우즈에 가면 볼 수 있는 벨로우즈들이 이런 통풍관을 닮았다.

이 벨로우즈의 용도는 통풍관이나 공기주머니와는 조금 다르다.
주름 형태로 되어 있다고 해도 단단한 금속 재질이라 도저히
접이식 물통처럼 접거나 펴는 게 가능할 것처럼 생기지도
않았다. 그러나 실제로는 열과 압력에 따라 신축성 있게
줄어들었다가 펴지는 부속이다.

쇠는 여름이나 겨울 등 주위 환경의 변화에 따라 늘어나거나 줄어들 수 있다. 배에서 사용하는 쇠파이프들이 그렇게 열에 의해 팽창하거나 신축하면 그 사이에 균열이 생기면서 누수나 변형 등의 손상이 일어날 수 있다. 그런 파이프와 파이프 사이에 벨로우즈를 연결하면, 이 벨로우즈의 주름 부분이 주위 환경에 따라 늘어나거나 줄어들면서 전체적인 배관의 길이와 형태를 유지시키고 파이프의 손상을 막아 준다. 그래서 이 부분의 정식 명칭은 '벨로우즈 타입의 신축 이음(bellows type expansion joint)'이다. 배의 굴뚝, 엔진 라인 이음부 등에서 활용된다.

광신벨로우즈 안은 그야말로 사람 발 디딜 공간을 제외하고는
온통 다 벨로우즈와 플랜지(flenge)로 가득하다. 어르신들이
보통 '후랜지'라고 부르는 이 플랜지는 벨로우즈의 양옆에
부착해서 파이프와 연결할 수 있게 해 주는 가장자리 이음쇠
이다. 바닥에는 벨로우즈가 꽉 들어차 있고 벽과 천장 기둥에는
사각 또는 원형에 제각각인 사이즈의 플랜지가 걸려 있다. 실내
공간 안쪽으로 사무실이 있고, 그 너머의 작은 공간은 작업실이
다. 가로폭이 좁은 학교 책상 모양의 책상 하나에 꼭 그만한 폭의
의자 하나. 덮개 없이 달린 알전구의 황색빛이 환하게 밝힐 수
있는 크기.

이 작은 공간에서 기술자 임성학 씨가 작업을 한다. 보통 하는
작업은 벨로우즈와 프렌지를 용접해서 완성품을 만들어 놓는
것이다. 인원이 많지 않은 관계로 작업 분업이 되지 않기 때문에
사실 절단작업이나 페인트칠까지 다 하게 된다. 그렇기 때문에
대형 벨로우즈는 하루에 두 개 정도, 소형은 20개 정도 만들 수
있다고 그는 말한다.

"이 관으로 기름이나 가스가 지나가니까 새면 안 되잖아요.
용접을 하다 보면 바늘 구멍 같은 게 꼭 생기거든요. 그러니까
이런 걸 꼼꼼하게 작업해야 해요. 확인도 하고. 그래도 이 관도

얇은 건 아니라서 초보 아니면 구멍도 잘 안 나요."

광신벨로우즈 임성학 기술자

과거 대평동에 배가 많이 들어오던 시절에는 몇 사람이 더 일을 했었지만, 지금처럼 선박의 수 자체가 줄어서 납품 물량이 줄어든 상황에서는 임성학 씨와 사장 단 둘이서 가게를 꾸려가고 있다. 고등학교 진학 때문에 전남 고흥에서 홀로 부산에 온 김광태 사장은 25살쯤 결혼을 하면서 대평동에 정착했다. 전기를 공부해서 전기 작업 방면으로 일하다가 벨로우즈 업체를 대평동에서 처음 시작했다고 한다. 감성적인 성격이어서 지난 10년 동안 매일 아침마다 시 쓰기를 했다.

꼭 일이 줄었기 때문에 시를 쓴다고 할 것은 아니다. 그보다는 변화하는 대평동 안에서 불안함에 조급히 흔들리지 않는 무던함이라고 해야 하지 않을까. 사장 한 사람과 직원 한 사람 있는 작은 가게에서 매일 애정으로 주위를 바라보고 시를 쓰는 김광태 사장, 그런 사장과 가족이나 다름없다고 이야기하는 임성학 씨. 큰 욕심 부리지 않고 하루하루를 무사히 잘 넘기는 것에 만족하며 살아가는 모습은 옛날 대평동의 호시절을 경험하고 지금 대평로를 걷는 모든 이들의 그것과도 같다.

"대평동이 한창 번성기일 때는 참 활기찼습니다. 대평동에서 깡깡 소리, 그라인더 소리가 끊일 날이 없었습니다. 망치하나 가지고 가족을 먹여 살린 겁니다. 그래서 깡깡이 소리에는 삶의 애환이 담겨 있습니다."

광신벨로우즈 김광태 사장

"벨로우즈라는 게 차 밑에 보면 있고, 도시가스에도 보면 하나가 붙어 있어. 그걸 보고 벨로우즈를 알아보는 사람이 있으면 우리 광신벨로우즈를 생각하고 "아 그런 곳이 있었지, 아 그 사람 좋았지" 이렇게만 되면 좋지."

광신벨로우즈 임성학 기술자

수천 개의 부품이 모인 곳
한국밸브

 대평로 앞 물양장인 나무전 거리를 바로 마주보고 있으면서
부산 최초의 주공복합아파트인 대동대교맨션 1층 상가에 위치한
한국밸브는 겉으로 보았을 때엔 동네 할인마트처럼 생겼다.
내부도 크게 다르지 않아서, 모양으로는 전형적인 철물점이다.
물론 그 안에 취급하는 제품들은 선박에서 사용하는 부품들이다.
지금까지 소개했던 곳들이 대부분 주연급 부품들이었다면
한국밸브에 있는 부품들은 작품에 있어서 빠져서는 안 될
조연들이다.

1층 곳곳이 선반으로 꽉 들어차 있어서 사람 둘이 몸을 옆으로 돌려야만 서로 지나갈 수 있을 정도의 좁은 복도만을 내고 있다. 그 안은 밸브는 물론이고 철호스, 서비스엘보, 철사, 닛블, 렌치, 캡 등 없는 것이 없는 그야말로 철물마트이다. 선반마다 가지런히 정리된 통에는 규격별로 부품들이 잘 정리되어 있고 그 안에 든 부속 이름과 치수가 큼직하게 적혀 있다. 취급하는 물품이 얼마나 많았던지 선반 위의 공간에 낮게 천장을 두고 그 위 다락 같은 공간을 만들어 부품을 보관하고 있다. 그래서 위에서 물건을 내릴 때에는 선박에 박힌 사다리 모양의 발판을 밟고 올라가서 내리게 된다.

한국밸브라는 이름답게 주상품은 밸브이다. 파이프 등에서 물이나 공기를 배출하는 양을 조절하는 핸들 모양의 손잡이인 밸브는 비단 선박에서만 사용되는 것이 아니며, 파이프가 연결되어 있는 곳이면 어디에든 소요가 있는 대단히 중요한 부품이다. 다 헤아릴 수 없을 정도로 많은 종류의 밸브가 있는데, 이곳 한국밸브에서 취급하는 품목만 해도 4-5천 종은 될 거라고 조영자 사장은 말한다.

87년도에 처음 개업했을 때만 해도 자그마한 구멍가게였다고 한다. 밸브도 한 종류씩만 취급했다. 그러다가 사람들이 와서는 각양각색의 제품을 주문하는데, 가게 안에 있는 밸브만으로는 도저히 수요를 맞출 수가 없었기 때문에 사람들이 찾을 때마다 하나씩 구비하기 시작했다. 밸브뿐만 아니라 다른 부속들까지 찾는 대로 늘려 갔다. 그랬던 것이 나중에 가니 없는 게 없다고 소문이 나서, 더 많은 사람들이 이곳을 찾으면서 가게를 확장하게 되었다. 장사를 시작한 지 10년째에는 수요에 맞춰서 원활하게 공급하기 위해서는 직접 생산까지 해야 한다는 결론에 도달하고 공장까지 갖추었다. 그런 연유가 있어서인지, 다른 여느 곳들에 비해 잠깐 가게를 둘러보느라 안에 들어가 있는 동안에도 계속 손님들이 드나들었다.

"처음에는 남편과 같이 하면서 조금씩 조금씩 키웠어요. 원래는 같은 장사하는 사람들이 많이 있었거든요. 그런데 IMF 때에 너무 어렵다 보니까 하나둘 부도가 나서 없어지고 나서 이제 내가 선배가 된 거에요."

한국밸브 조영자 사장

한국밸브는 대평동에서 찾아보기 드물게 여사장이 운영하고 있다. 해병대 출신의 남편은 일을 시작할 때에는 함께 했으나 봉사활동을 좋아해서 외부 활동을 많이 다녔고, 이에 조영자 사장은 가게를 운영하는 일에 팔을 걷어붙이고 뛰어들었다.

그렇게 시작해 보니 적성에 맞다 싶어서 지금까지 이어온 것. 직원들도 남자, 선주도 남자. 조영자 사장에게 있어서 가게를 하면서 어려운 점이 있었다고 한다면 이렇게 남자들로 가득한 대평동에서 여자의 몸으로 장사를 하는 것 그 자체였다고 한다.

"거의 선주를 상대하는데, 선주들이 다 남자들이잖아요. 여자로 남자 손님들 상대하는 게 다 일이라. 여자니까 가격도 당연히 비싸게 바가지 씌운다는 소리도 들어봤어요. 안 그런데. 괜찮다 싶으면 내가 더 화끈하게 하는데 사람들이 그걸 몰라. 그렇다고 그걸 일일이 가르칠 수 없잖아. 그래서 남자들을 상대로 내가 장사를 하려면 어떻게 해야 되는지, 영리하게 살아보려고 해양대나 부산대 AMP(최고경영자과정)도 가고 했어요. AMP만 나왔다고 해도 몇 기냐고 손님들이 참 좋아하는 거야. 거의 다 해양대 사람들이거든. 그러니까 서로 대화가 되는 거라. 나한텐 참 좋은 계기가 된 거지."

한국밸브 조영자 사장

조영자 사장이 강조하는 삶의 자세는 노력이다.

"저는 제 삶이 밸브예요. 우리 남편이 너는 나하고 사는 게 아니라 이 밸브하고 산다고 할 정도예요. 왜냐면 집중해서 신경

쓰지 않으면 안 되거든요. 내가 투자한 것만큼, 신경 쓴 만큼 얻는 거지. 우리 직원들 중에도 몇 년 안 있은 사람은 없어요. 십여 년씩 이십 년씩 그렇게 다 오래 있었어요. 나랑 같이 가는 거지. 내가 그만큼 닦아 놨으니까 밥 걱정, 직원들 걱정, 물건 걱정 안 하고 좋아요."

한국밸브 조영자 사장

조영자 사장은 세상살이에 없어서는 안 되는 밸브를 취급하는 것에 대한 자부심도 가지고 있다. 선박에서 혈관의 역할을 하면서 소통을 담당하는 밸브로 가득 찬 한국밸브는 오늘도 막힘없이 원활하게 잘 돌아가고 있다.

다시 태어나는 배
동원고철

고철상이라고 하면 머릿속에 떠오르는 이미지는 고물 쓰레기가 산더미처럼 쌓여 있는 광경이다. 보통 건물 앞에 널찍한 앞마당이 있고 이 앞마당에 폐기물들이 사람 키 높이를 훌쩍 넘기게 쌓여 있는 곳. 보통은 동 하나 또는 구 하나 정도 범주에 한 곳 정도가 고철상이다. 그런데 선박 관련 부품이 많이 도는 사정이다 보니 대평동에는 고철상이 서너 군데는 된다.

대평동의 남쪽 물양장인 이까선창 앞, 그 안으로 진입해 들어오는 입구께에 이들 고철상 중 하나가 있다. 바로 동원고철이다. 건물 두 개가 붙어 있고, 차 한 대가 지나다닐 만큼 좁은 길 건너편에는 물양장의 바닷물이 찰랑인다. 간판을 제대로 보고 다니지 않는다면 이곳이 고철상이라는 생각을 전혀 하지 못할 듯하다. 예상했던 것과는 다르게 너무도 깔끔했기 때문이다. 마당 같은 건 없고, 셔터 문을 열어젖힌 건물 안, 창고 공간처럼 보이는 이 안에도 쌓아놓은 고철 같은 것은 보이지 않는다.

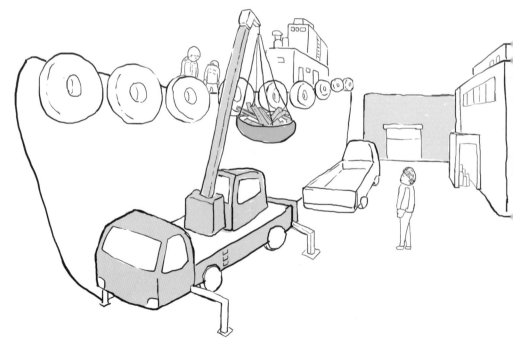

사실 시내의 여느 고철상에서 취급하는 물품들은 생활용품 속에 포함된 고철들이라서 크기도 모양도 부피도 다 제각각이다. 그런 것들이 잘 정리되기 어려울 것은 물론이고 모아서 내다 버릴 때까지 시간도 걸릴 법하다. 반면 이곳에서 취급하는 고철들은 대부분 선박의 폐부품이라 크기가 비교적 고르거나 커다란 것들이다. 오래 보관하는 것 자체가 어렵다. 커다란 주 건물 바로 옆 부속 건물에는 입구에서부터 철제 드럼통이 쌓여 있다. 납작하게 압축을 시켜 동그랗게 만들어서 가지런하게 정돈해 쌓아 두었다.

곽용식 사장이 대평동에서 동원고철을 운영한 지는 올해로 31년째라 한다. 기계 수리하는 곳에 납품하는 기관 부속점을 했던 둘째 형님을 따라 대평동에 들어왔다. 아침 6시 30분에 출근해서 저녁 6시에 퇴근할 때까지, 딱히 쉬는 시간이랄 것 없이 일이 있으면 일을 하는 정도이다.

때로는 조선소에서 연락이 올 때도 있고 혹은 선주가 연락하기도 한다. 연락이 들어오면 그리로 가서 모아 놓은 고철들을 모두 싣고 온다. 그것들을 잘 모아서 고철 수집소로 가져가서 판매한다. 고철을 판매해서 나오는 수익이 과거에는 kg당 150원 꼴이었다면 지금은 30원 꼴로 남는다. kg당 수익이

20%로 감소했으니 수량이 많아야 하는데 예전보다 배가 많이 없어졌기 때문에 이 또한 마음처럼 쉽지는 않다.

곽용식 사장은 대평동 자신의 인생에 전성기를 가져다 준 곳이라고 생각하고 있다. 처음 자리잡을 때만 해도 동네에서 제일 오래된 집일 거라고 그는 회고한다.

"우리가 취급하는 게 폐고철이잖아요. 배에서 쓰다가 못 쓰게 된 부품들 말입니다. 그 쇳덩이들을 배에서 끄집어 내어 용달차에 싣고 가요. 고치고 남는 쇠도 마찬가지고요. 그런 쇠들만 가지고도 먹고 사는 사람이 많았습니다. 일 마치면 막걸리도 한 잔 마셔 가면서 아이들도 다 키울 수 있었어요. 고철만으로도 많은 사람들이 먹고 살았으니, 옛날에 대평동이 얼마나 호황이었겠습니까."

동원고철 곽용식 사장

동원고철에서 이렇게 수집해서 고철 공장으로 가져간 고철들은 그곳에서 재가공을 통해 다시 금속 본연의 모습으로 되돌아간다. 그것으로 새로 만들어진 금속 부품들은 아마 동원고철 맞은편에 위치한 거대한 선용품 유통센터와 같은 곳에서 새 물건으로 판매될 것이다. 대평동 안의 고철이 제각각의 자리에서 쓰임을 다하고 이곳에서 끝과 함께 시작점을 맞이하게 될 것이라는 생각을 해보면, 그 어떤 순환이 상징적으로 느껴진다. 비록 한창 전성기가 지나가서 예전만 못하다고는 하더라도, 선박의 수리 작업이 대평동에서 이루어지는 한은 고철상도 꾸준히 살아남으면서 이곳 대평동 안의 선순환에 중요하게 일조를 할 것이다.

(주)경진스크류
(주)대흥선박
(주)동아디젤
(주)동양터보엔텍
(주)바이칼
(주)삼광선박기계공업
(주)선진종합
(주)성창마린
(주)세진비앤씨 영도공장
(주)오션엔지니어링
(주)오션컴
(주)제이와이조선
(주)진성엔텍
(주)평화디젤기기
B&B엔지니어링
CORAL MARINE SERVICE
K&C Engineering
SK산업
SMS
STM 엔지니어링
건곤 ENG
건진전기공업사
경동기업
광명전기공업사
국제전기

극동엠텍
금보엔지니어링
금양엔지니어링
금용전기
금화전기
남영선박공업사
넥스트마린
다우테크
대광선박공업사
대륙공업사
대림선박
대림엔지니어링
대명공업(주)
대성전기공업사
대양냉동공업사
대운선박써비스

대유마린테크
대창선박 ENGINEERING
대한정밀공업사
도원전기
동균알앤티
동남전기공업사
동남종합선박
동명기술(주)
동아조선소
동양디젤기공사
동양전자통신
동원전기공업사
동일냉동공사
동화공업사
두인테크
득호전기공업사
마스텍중공업(주)
만수엔지니어링
명동선박공업사
명성ENG
명신전기
반도공업사
배진선박
배태랑 엔지니어링
백경유압
범구엔진테크
범양기업
보배마린
부경테크
부산노즐
부성냉동공업
부일전기공업사
부전전기
블루마린(주)
삼정공업사
심화조선소
상원전기
서일엔지니어링
선경전기공업사
선우선박공업사
선원상사(주)
선진조선 주식회사

선진조선(주)
성보산업
성보아이앤디주식회사
성신엔지니어링
성우기업
세양종합상사
세진전기상사
송우부란자
수성전기공업사
수진공업

신광기아철재공업사
신광선박공업사
신대아엔지니어링
신원전기통신(주)
신정테크
신진터빈엔지니어링
신창공업사
신한자이로사
아트디자인산업(주)
에스엠엔지니어링
에스엠엔티(주)
에이치티이(H.T.E)
엘에스지마리타임
영광전기
영도조선(주)
영신정밀
영성전기
영일마린테크
영텍엔지니어링
오션터보텍
용현선박
우리조선(주)
우리테크
우성엔지니어링
우성엔진상사
우진선박공업사
욱일종합
월드냉동
유남조기공업사
유신에이치알(주)
유창산업

유케이마린써비스주식회사
인터내셔널마린(주)
일성정밀공업
일진엔지니어링
일진전기공업사
정남선박
정일터빈
주식회사 삼영마린
주식회사 선진엔텍
주식회사 청동테크
지에스엔지니어링
지오엠텍
진양선기
진일전기공업사
창신선박공업
코러스마린테크(주)
태양전공
티제이전기(TJ전기)
평화엔지니어링
하이머신
한국선박공업사
한라시스템
한비마린테크
한성냉동엔지니어링
한성선박공업사
한유테크 주식회사
한진항해전기
한테크
해동마린써비스 주식회사
해동정공
해상유압
해성전기공업사
해양전기
해주마린엔진
해천전기공업사
혁진선수
현금전자산업
협력공업사
홍진시스콘
화진전기공업사
효천전기공업사

* 영도구 통계자료 : '부산시 영도구 공장등록현황' 중 발췌(2016년 기준)

: 공업사 위치

3

수리조선소와 함께 한 사람들

깡깡이마을의 상징은 깡깡이소리라고 한다.

카랑카랑 울려대던 주함마 소리는

물양장에 들이치는 잔잔한 파도처럼 가라앉은 지 오래다.

그 소리가 아직도 울리고 있는 곳은

대평동에서 기술로 삼십 년, 오십 년을 이어 온 사람들의

뜨거운 심장 속이다.

여러 부속들이 모여서 배를 이루듯이,

배를 이루는 각 부분을 다루는 제각각의 사람들이 모여서

대평동의 마을을 이루었다.

대평동의 전성기를 마음속에 담고

주어진 하루를 성실히 살아가고 있는 한 사람 한 사람이야말로

지금 깡깡이마을을 있게 해준 전부라 할 수 있을 것이다.

1. 깡깡이 아지매

"가족의 생명을 이어준 고마운 깡깡이 일"_ 허재혜(80)

허재혜입니다. 39년생이니까 벌써 80살이네요. 깡깡이는 1975년에 시작해 2013년도에 퇴직했으니까 38년을 했네요. 1975년에 깡깡이를 하려고 대평동에 와서 지금까지 이곳에서 살고 있어요.

- 38년이면 인생의 반을 깡깡이와 함께 해 오신 거네요. 어떻게 깡깡이 일을 시작하게 되셨나요?

- 원래 강원도에서 살았는데 애기 아빠가 돌아가셨어. 아이가 셋이 있었는데 먹고 살 생각을 하니 막막했지. 그런데 사돈이 내 사정을 알고 여자들이 벌어먹고 살기 좋다며 대평동으로 오라고 하더라고. 그때 우리 사돈이 대평동 동네 반장이었거든. 그 얘기를 듣고 한 달음에 부산으로 내려와서 마을을 한 번 둘러봤지. 진짜 여자들도 깡깡이로 자기 돈벌이를 하더라고. 그래서 아이들을 데리고 대평동으로 이사를 왔어.

- 일하시면서 아이들 셋까지 키우느라 고생이 많으셨을 것 같습니다. 그런데 생활비며 아이들 학비며 만만치 않으셨을 것 같은데 깡깡이 일은 벌이가 괜찮았나요?

- 1975년에 처음 와서 일할 때 하루 일당이 600원이었어. (1970년에 22㎏짜리 밀가루 1포대는 773원 정도) 일용직이라 일당으로 받았다. 한창때 일당은 정확히 기억은 안 나지만 5~6만 원 정도였던 것 같아(1990년대 중후반). 그게 많은지 적은지 잘 몰랐어. 번 만큼 알뜰하게 살고 아쉬우면 잔업을 했어. 하루하루 열심히 일해서 자식을 키웠지. 대평동에 올 때 초등학교 1학년이었던 우리 큰애가 잘 자라서 지금은 51살이다.

- 잔업이 있었다고 하면 출퇴근 시간은 정해져 있었던 건가요?

- 깡깡이 일은 대개 오전 8시에 시작해서 오후 5시에 마쳤어. 잔업이 있어 밤 11시까지 한 적도 많았지. 잔업을 하면 돈을 좀 더 얹어줬거든. 아침 8시에 일을 시작하면 10시에 10분 정도 쉬고, 점심 먹고 1시부터 일하다가 3시가 되면 또 10분 쉬다가 5시까지 일하고 그런 식이었어.

- 깡깡이하면 망치로 두드리는 것밖에 떠오르질 않습니다. 깡깡이 작업은 몇 명이서, 어떻게 하시는 건가요?

- 옛날에는 배 한 척이 들어왔다 하면 한 30명이 붙어야 했어. 나무판에다 줄을 맨 걸 '아시바(또는 족장)'라고 하는데, 배에 '아시바'를 매달아 거기 앉거나 서서 깡깡이질을 하는거야. '아시바'는 자동이 아니기 때문에 위에서 줄을 당겨 주는 사람 둘, 밑에서 줄을 조정해 주는 사람 둘이 있어. 갑바(방수용 옷)를 입고 바닷물에 들어가서 작업하는 사람도 있고. 각자 자기 자리에서 망치 들고 깡깡깡 하는 거야. 위험하고 힘들고, 고생을 이루 다 말 못하지.

- 깡깡이 일을 하면서 어떤 점이 가장 힘드셨나요?

- 큰 배에 위에서 아래를 내려다보면 정말 무서워. 여러 사람이 움직이면 '아시바'가 출렁출렁하거든. 처음에는 다리가 떨려서

힘을 너무 주다 보니까 일이 끝나고 나면 다리가 너무 아프더라고.
또 '함마(해머)'로 치는 깡깡 소리 때문에 귀가 엉망이 되지.
기관지도 안 좋고. 옛날에는 보호 안경 같은 게 없어서 먼지를
그대로 뒤집어쓰고 일하다가, 집에 와서 씻고 안약을 넣는 게
전부였어. 지금은 다행히 안경도 쓰고 마스크도 다 하지.

**- 그렇게나 힘든 일을 38년간이나 할 수 있었던 힘은 어디에서
나온건가요?**
- 그때는 내가 벌어야 가족들이 먹고 살고 아이들 공부도 시킬 수
있었으니까. 우리 막내딸이 초등학교 때 적은 일기를 보고 많이
울었던 게 아직도 기억이 나네. 밤늦게까지 일하고 새벽 일찍
나가는 엄마를 보고 어린 마음에도 그렇게 가슴이 아팠던가봐.
착한 우리 아이들을 보며 더 힘을 냈지. 깡깡이 일을 했던
사람들은 자식들 먹여 살린다고 정말 다 고생했어.

**- 워낙 가깝게 일하며 함께 고생하시다 보면 깡깡이를 하신
분들끼리의 동지애가 남다를 것 같습니다. 일했던 분들끼리
자주 만나시는가요?**
- 전부 하는 건 아니지만 깡깡이를 한 사람들끼리 친목계가 있어.
회원들끼리 조금씩 회비를 모아서 맛있는 걸 먹으러 가거나 좋은
데로 놀러가거나 해. 17명 정도가 모이는데 지금은 깡깡이 일을

하지 않는 사람들이 대부분이야. 봄이나 가을에는 관광도 가고 하는데 이제는 늙어서 다니는 것도 힘이 들어 (웃음).

- 지난 2013년에 38년간 해 온 깡깡이 일은 그만두셨는데요. 그때 기분이 어떠셨는지 궁금합니다.

- 아직도 섭섭하기도 하고 그렇지. 뭔가 할 일이 있고 스스로 돈벌이도 할 수 있으면 좋은 거니까. 제가 퇴직한다 하니까 우리 아이들 셋이 "아이고 만세! 울엄마 만세! 아이고 이런 날이 다 왔네!" 그러더라고. 일을 더 할 수 있을 것 같지만 자식들 걱정시키는 것 같아 일을 안 해. 예전에 일했던 조선소의 사장님을 길에서 만나면 지금도 나더러 그때 일 잘해 줬다고 고맙다고 해. 그 말을 들으면 뿌듯하고 내가 참 잘 살아 냈다는 생각을 한다. 우리 아들이 "아이고 엄마 깡깡이 징그럽도 안 하요?"라고 하면 나는 이렇게 말해.

"깡깡이가 왜 징그럽노 우리 생명을 이어 준건데, 왜 징그로와 고맙지."

어버이날 기념으로 한복을 입고(1976년 5월 8일)
사진제공_ 허재혜

"시어머니와 함께 고생을 나눈 깡깡이 일" _ 전순남(69)

전순남입니다. 깡깡이 한지는 40년 되지 싶어요. 깡깡이 반장했던
시어머니랑 같이 다녔습니다. 젊은 내가 앉아 있을 수가 없어 함께
다녔는데 돌이켜 보면 힘은 들었지만 그때가 사람 사는 것 같고 참
좋았던 것 같습니다.

- 언제부터 깡깡이 일을 시작하셨어요?

- 내가 70년도에 시집왔거든. 그때 시작해 가꼬 지금까지 깡깡이를 댕기는 기라.

- 요즘 일하시는 건 어떠세요? 예전에 비해 달라진 게 있나요?

- 많이 변했지. 내가 그라인더를 처음 거머쥔 게 우리 막내가 서른 한 살 되었는데 가를 배고 내가 그라인더를 처음 거머쥐었어. 그라인더를 쥐니까 너무 좋은 기라. 옛날에는 두드리고 굽고 하니까 배 한 대를 하루 만에 못 했지. 이틀씩 삼일씩 했는데, 요새는 그라인더를 쓰니까 웬만하면 하루, 많이 해봐야 이틀 걸려. 보통 아침 8시부터 저녁 5시까지 하는데, 세 시나 네 시에 끝나기도 했어. 옛날에 바쁠 때는 7시고 8시고 9시고 불 켜 놓고도 했다.

70년대 그때는 우리가 족장(아시바)을 이고 줄로 매달아서 죽 벽에 깐다 아이가. 위에 올라가서 줄이 묶인 족장을 내려서 위에서 줄을 묶은 다음, 줄을 타고 내려가서 거기서 깡깡이하고 그라인더 하고. 그 높은 데서 밥 먹으러 내려갈라면 어쩔 수 없잖아. 줄 한 개 풀어가지고 내려가지. 우리보고 완전 다람쥐라고 캤지. 요즘은 지게차로 올려 주니까 세상 하기 좋지.

- 여기가 고향이 아니라고 하셨는데 어떻게 대평동에 오게 되셨어요?

- 나는 부산이 어째 생겼는 줄 몰랐어요. 스물 넘도록 시집오는 그날에 처음 부산에 발 딛었어. 시집을 배 타고 오는데 밤에 바다에서 보니까 집들이 엄청 많은 기라. 시골은 마을이 있고 그러는데 불들이 많고 이래 층층이 사는갑다 싶고. 그때만 해도 2층집을 몰랐어요. 2층집을 우째 지었을까 싶고. 부산에 와서 보니까 몬 살겠더라. 그때 고향에서는 남강에 가서 설렁설렁 치대고 그라면 좋은데 물도 넉동에 십 원 주고 사무야 되고. 수도도 집집마다 없고 공동수도 한 개 있으면 나눠 쓰고. 동이 놓고 물 받아 먹는 기지. 그때 시아버지, 시어머니, 시누이, 시동생, 신랑, 내까지 여섯 있으니까. 빨래하고 밥 먹고 하니까 물이 얼마나 들어가노. 여서 우째 사는가 싶더마는.

- 깡깡이 일은 어떻게 시작하게 되셨어요?

- 우리 시어머니 지금 88살인데 아직 살아 계셔. 살아 계신데 요양원에 계셔. 시어머니가 뭐했냐 카면 일 없을 때는 그물 짓고 일 있을 때는 깡깡이하고 그러시더라고. 깡깡이 할 사람 모지라면 "아가 니도 가서 함 해 볼래?" 이러대. 그러는데 우짤 끼고. 아는 시아버지한테 맡기고 나갔지. 처음엔 뭘 할 줄은 아나. 처음엔 녹슨 게 어떤 건지도 모르고 새파란 거 다 벗기는 건줄 알고

꽁꽁꽁 하며 다 뚜드렸지. 시어머니가 그때 반장하셨거든. 오셔서 보드만은 딱 알려 주시더라고. 보고 녹슨 데 요런 데만 쪼스라고 하더라고. 그러고 보니까 보이더라고. 처음 족장을 타고 앉아서 하는데 발이 달달달 떨리는 거지. 하루 가고 이틀 가고 그러다 보니까 차츰차츰 나아지대. 다음엔 안 가야지 하다가 또 배가 이마이 불러 오드만. 둘째 애 낳고 가고. 셋째 낳고 가고, 넷째도 낳고 가고. 시어머니도 연세가 드니까 안 하고. 시어머니도 일 많이 했어요. 옛날에는 어머니하고 한집에 살았으니까네. 어쩔 수 없지. 어머니가 일하러 가니까. 젊으니까 앉아 있을 수가 없다 아인가배. 우리 시아버지는 조선소 경비하고 그러시더라고. 남편은 삽자루 공장에 댕기고.

- 아이 낳고 깡깡이 일 다니실 때 힘들지 않으셨어요?
- 일하다가 열 시 되면 뛰어가서 애 젖 먹여 놓고. 또 와서 일하고 열시 쉬니까네. 또 열두 시 되면 밥 먹으러 가서 아 젖 먹여 가면서 밥 먹고. 또 쌔(혀)가 빠지게 뛰어오고. 막내가 뱃속에 있을 때는 내가 10개월까지 댕겼어. 그때 대동조선소. 지금은 마티즈가(마스텍중공업을 이르는 말) 거기가 옛날에 대동조선소인데. 진짜 까다로웠어. 배가 불러 노니까. 배가 까맣고. 8개월까지 댕기니까네 나중엔 부끄러워 못 댕기는 거라. 애 놓고 겨우 한 백 일 정도 지내놓고 또 일하러 나와야 하는데.

그만큼 힘들었지. 그래도 나오면 또 돈이 되니까네. 나오면 하루하루 먹고 사는 건 걱정 없으니까네.

- 돌이켜 보면 아찔한 순간들은 없으셨나요?
- 위험한 고비도 있었지. 배가 올라가다 보면 핸드레일이 썩은 게 있어서 그거 자른다고 하다가 불똥이 튀어서 아시바 맨 줄이 잘려 버린다고. 그래서 물에 빠졌는데 감전될 뻔한 적도 있고. 당꼬(탱크) 안에 들어가서 기름 작업하고 있는데 옆에서 불질 작업을 또 하더라고. 거기서 불이 튀면 어쩔 거야. 그래서 무슨 일이든 간에 2인 1조로 해야지 혼자 가면 안 돼. 그라인더도 마찬가지고. 손가락 이거는 용접사가 옆에서 청소한다고 고마 깡깡이 망치로 팍 쳐 가지고 손톱이 새까맣게 됐다가 빠져뿔대. (웃음) 나아 노니까 이라고 다니지. 뭐든가 다행이다 싶다. 조상님들이 다 받들어 줬나 싶고.

- 깡깡이 일을 시작하신 것, 후회하신 적은 없으세요?
- 후회한다고 돌아온 일도 없고. 새끼들하고 먹고 살라 카니까네 이 일을 하게 돼 뻰거지. 살기 위해서 그랬던 거지. 후회하진 않고. 그래도 우리 즐겁게 일했어요. 여기 나오면 내 가족 다 묵고 살고. 일도 그래요. 녹이 슨 거 착착 해 놓고 나면, 해 놓은 거 보면 깔끔하고 보기 좋고. 재밌다니까 일도. 일도 진짜 재밌어.

해 놓고 보면 반질반질하이 매끈매끈하이 얼마나 보기 좋은데. 우리도 바느질해서 옷 다듬어 놓은 것처럼 이쁘다고. 후회는 안 해. 후회는 안하고 즐겁지. 나와서 동료들하고 우스갯소리하고. 그러다 보면 하루 가고. 재밌다. 재밌어.

- 깡깡이 일 언제까지 하실 것 같으세요?

오십 살 되면 안 한다 하는 게 칠십까지 하는 거야. 다시 시작할 때 안 그래도 한 달에 오십만 원씩 적금을 넣으면서 내가 십 년만 딱 하고 안 한다 했는데. 내년까지인데 내년까지 하고 관둘지 아닌지 모르겠네. 마음은 그래 먹는데 힘들 것 같애.

쉬는 시간에 깡깡이 동료인 김영숙(오른쪽)과 함께 사진 한 장

"나에게 깡깡이 일은 새로운 도전이자 모험" _ 이복순(66)

이복순입니다. 깡깡이 일을 시작한 지는 20년 넘었네요. 남해가
고향인데 어릴 때 부산에 와서 아가씨 때는 남부민동에서
살았습니다. 그러다 마흔이 다 돼서 깡깡이를 시작했어요. 다른
사람들에 비하면 늦게 시작한 편이에요. 호기심에 깡깡이를 하게
됐는데 내가 하고 싶어서 뛰어든 거예요.

- 일은 많으신 편인가요?

- 4월부터가 가장 바쁜 철이지. 지금까지는 일을 많이 못했어. 겨울은 비수기거든. 4월이 제일 바쁘지. 그 다음 바쁜 철이 5, 6월. 그때 어선들이 다 철망을 해. 철망하면 전부 도킹(배를 선대에 올리는 일)을 해서 수리를 하고 검사를 맡아야 해. 철망 때 수리를 못하는 배들은 월명 때나 조금 때, 이럴 때 배 올려서 수리하고 가고.

- 한 달에 며칠 정도 일하시나요?

- 한 달에 세 번, 많으면 열흘도 하고. 많이 해봐야 열이틀. 선대가 빨리 비어야 다른 배를 올리고 하는데 깡깡이 말고도 후에 다른 공정이 있잖아. 깡깡이를 하고 나면 처음에 AF(오염방지용 페인트)를 바르는데 그게 말라야 페인트를 바르거든. 날씨가 안 도와 줄 때도 있고. 그 공정이 끝나서 배가 나가야 다른 배가 들어오지. 그러면 일이 생기는 거야.

- 배가 들어온다는 건 어떻게 아시는 건가요?

- 배가 들어오면 원청(조선소)에서 사람을 얼마 넣어 달라 반장한테 연락을 하거든. 그러면 우리가 지원을 하지. 내가 반장인데 우리 식구는 6명. 우리는 주로 선진조선에서 일하고 있고. 깡깡이 일하는 사람들은 다 반장들 밑에 있어요.

- 배가 한 대 들어오면 보통 몇 명 정도 깡깡이 작업에 들어가나요?

- 배 크기나 작업 상황에 따라 다른데 많을 때는 20명 정도 작업하고 적을 때는 5~6명 정도 하지. 다 마무리를 못하면 자투리로 몇 명 들어가기도 하고.

- 예전에 작업할 땐 주로 깡깡망치를 사용했다고 하시던데 요즘은 무엇으로 작업 하시나요?

- 지금은 그라인다로 다 하지. 그라인다도 처음에는 힘들었어. 처음에는 그라인다 짱대 메고 안 했거든. 그때는 그냥 전동공구 손에 쥐고 했는데 그 다음날 팔이 안 올라가더라고. 그래도 다음날 일어나서 가지더라니까. 이것도 하다 보면 요령이 생겨. 힘도 물론 필요하겠지만 대부분 요령으로다 하는 거야.

- 혹시 깡깡망치를 가지고 계신가요?

- 있지. 쓰긴 쓰거든. 이게 '깡깡망치'고, 이게 '주함마'인데. 녹이 되게 두꺼운 거는 이 주함마로 세게 두드리면 울려가지고 다 같이 떨어져. 깡깡망치는 홈에 있는 걸 쪼는 거고. 기역자로 된 건 '씨가레프'. 뻘 파내고 따개비 긁고 구석구석 청소하고 하는 것. 옛날에는 대나무로 만들었다는데 지금은 쇠로 만들어. 옛날 어른들 말로는 씨가레프 대신에 '빼빠'라고 사포질하는 걸로

했다고 하더라고.

**- 전에는 깡깡이 일이 위험해서 사고가 많았다고 하던데
요즘은 어떠세요?**
- 전에는 나무 족장에서 했잖아. 지금은 기계로 많이 올라가.
'고소차'나 '지게차'. 장비가 좋아졌지. 예전에는 두꺼운
나무널판에다가 줄로 매든지 아니면 쇠로 사다리를 만들어서 배에
붙여놓고 했지. 그때는 위험해서 사고가 많았다더라고.

- 일하시면서 위험한 순간은 없으셨어요?
- 다행히 없었어. 내가 좀 겁이 없는지 그렇게 무섭지 않더라고.

- 일하시면서 가장 힘든 점은 어떤 건가요?
- 여름에는 죽지 죽어. 우리는 입어야 하는 일이잖아. 다 싸매야
되잖아. 겨울에는 그나마 입을 수 있지만. 겨울에는 그래도 옷을
많이 입어도 땀띠가 안 나는데 여름에 땀띠가 엄청 나.

- 어머님처럼 깡깡이 일을 하시는 분들이 몇 명 정도 있나요?
- 정확히는 몰라. 옛날에는 더 많았어요. 다치고 힘들고 나이 드시고
해서 안 하시고. 자식들 이거 해서 먹여 가지고 살 만 하니까
자식들이 몬하게 하는 경우도 있고 해서 잘 안 하지. 그래서 깡깡이

세계가 죽어간다고 봐야지. 기성세대 말고는 할 사람이 없어요. 젊은 사람들은 안 하잖아요.

- 힘들지만 맡은 일에 최선을 다하시는 어머님의 모습이 참 멋집니다. 마지막으로 어머님에게 깡깡이는 어떤 의미인가요?
- 나한테 깡깡이 일은 도전이고 보람이야. 전에 장사도 해 봤고 집에도 있어 봤고. 그러다 나이 마흔에 도전이라 생각하고 시작한 일이 깡깡이 일이거든. 처음에 내가 조선소에서 일할 거라고 했을 때 모두 다 못 할 거라고, 네가 그런 일을 할 수 있겠냐고 했어. 그럴수록 더 궁금하고 그 세계에 들어가서 해내고 말겠다고 맘먹었어. 그리고 지금까지 하고 있고. 나는 이 일을 건강이 허락하는 한 하겠다 생각해. 지금은 70살까지는 안 하겠나 생각하고 있어. (웃음)

깡깡이 아지매 이복순 씨의 손

2. 수리조선소 운영자

"대평동 조선업계의 산 증인" _ 하병기 ㈜JY조선 대표이사

주식회사 JY조선의 하병기 대표입니다. 대평동의 수리조선소들은 해방 후 민간이 정부로부터 조선소 자리를 불하받아 7~80년대 전성기를 거쳐 현재에 이르렀습니다. 대평동의 조선업체들은 황량하기 그지없던 조선소 자리를 세계 각지의 배들이 찾는 곳으로 만들었습니다. 그런 자랑스러운 역사를 많은 분들이 기억해 주셨으면 좋겠습니다.

- 대평동 조선업계의 역사를 알고 싶다면 JY조선을 찾아가라는 이야기를 다른 조선소 업체 관계자 분들이나 마을 주민 분들로부터 들었습니다. 설립부터 현재까지 어떤 일들이 있었는지 정말 궁금한데요. 해방 이후, JY조선의 역사는 어떻게 시작되었나요?

- JY조선의 옛 명칭은 조양조선공업㈜으로 조양조선공업을 설립하신 분이 제 큰형님인 하달기 회장님입니다. 큰 형님께서 주두홍이라는 분으로부터 조선소를 인수받아 1965년 조양조선공업주식회사를 설립합니다. 설립 당시 대표이사 자리를 고종사촌형님이었던 정문신 대표에게 맡겼습니다. 그 분이 일제강점기 때부터 대평동 조선소에서 일하던 이름난 목수이자 공장장이어서 조선소 돌아가는 사정을 누구보다 잘 알기 때문에 잘 운영할 것이라는 생각에서였죠. 설립 당시 이름을 조양조선공업주식회사로 했는데 아침 조(朝)자에 바다 양(洋)자를 써 '잔잔한 아침 바다처럼 조선소 운영이 순탄하길 바라는 마음'을 담았다고 합니다. 설립 후 국가 전체에 어선 신조(新造) 바람이 불어 대일청구권자금을 지원받아 조양조선에서 많은 어선을 만들었습니다.

- 고(故) 하달기 회장님은 어떻게 대평동에 있던 조선소를 인수하시게 됐나요?

- 하달기 회장님은 남해가 고향이신데 어린 시절 가난한 형편 때문에 남의집살이를 하며 참으로 어려운 시절을 보내셨다고 합니다. 그러다 22세에 혈혈단신으로 밀항선을 타고 일본으로 건너가 고철을 취급하던 작은 회사에서 시작해 갖은 고생 끝에 도요타 자동차 회사에 알미늄을 합금하여 납품하는 공장을 일궈 내셨습니다. 그런 성공을 기반으로 대평동에 있던 조선소까지 인수하게 된 겁니다.

설립자인 고(故) 하달기 회장의 흉상

- 시작은 조선소 이름처럼 굉장히 순탄한 것 같습니다. 이후에는 어떤 일들이 있었나요?

- 무리한 경영 탓에 1969년 12월 19일 조양조선공업주식회사가 부도를 맞게 되었습니다. 조선소가 헌값에 넘어가고 조선소 식구들도 일자리를 잃게 될 위기에 처했습니다. 그때 설립자이신 큰형님께서 둘째 형님이신 하의기 전 대표에게 조선소 운영을 제안했습니다. 그 결정은 옳은 선택이었습니다. 그리고 무엇보다 당시 시대 운이 한몫을 했습니다. 박정희 정권 당시 모든 고리채를 동결하고 원금을 분할 상환하도록 하는 법이 시행되면서 이자에 대한 압박에서 조금은 벗어날 수 있었습니다. 게다가 연안어업과 원양어업의 성장으로 외국에서 많은 중고어선이 국내로 수입되어 일감이 많아지면서 부채를 다 갚고 조선소가 다시 살아날 수 있었습니다.

- 정말 드라마 같은 일의 연속이었네요. 전화위복이라고 할까요. 큰 위기를 극복하신 뒤 조선소 운영 상황이 굉장히 좋아졌다고 들었습니다.

- 둘째 형님의 노력으로 조선소 운영이 정상화된 후 제가 조선소 총괄관리를 맡게 되었습니다. 회사를 살려놓은 형님의 노력을 이어 받아 새로운 시대를 열어 보겠다는 각오로 '조양조선공업㈜'이었던 원래 이름을 현재의 ㈜JY조선으로

바꾸고 JY조선의 기술과 능력을 신장시키고 외부로 확장하고자 노력했습니다. 그리하여 치밀한 준비 끝에 감천에 JY조선 제2공장을 설립했습니다. 규모가 크고 최신 도크 시설을 완비해 1만 3천 톤 정도의 배도 올릴 수 있는 곳입니다. 이제는 JY조선하면 감천에 있는 제2공장을 떠올리시는 분들이 많을 겁니다. 뿐만 아니라 신항에 외자를 유치해 물류창고를 만들어 JY조선의 기반을 더욱 탄탄하게 만들기도 했습니다.

- JY조선은 대평동에서도 비교적 큰 선박을 올릴 수 있는 시설을 갖춘 곳, 자체적으로 엔진 수리도 가능한 곳이라는 이야기를 들었습니다. 이런 기술력을 갖게 된 비결은 무엇인가요?

- 제가 47세에 조선소의 총 관리를 맡게 되면서 가장 먼저 조선소의 시설 부분에 대하여 관심을 가지게 되었는데, 그 시절 모든 조선소들은 값비싼 수입 원목을 제재하여 선대설치나 수리 시에 사용하고 있었습니다. 그런데 당시 철도청에서 철로의 기존 침목을 시멘트 침목으로 대체하면서 폐침목이 전국적으로 엄청난 양이 나온다는 점에 착안해 조선소에서 이를 활용하면 큰 도움이 되겠다고 생각하고 기존 침목을 대체할 수 있도록 고안, 연구하여 특허청에 실용신안등록을 하고 사용하게 되었습니다. 지금은 저희 조선소뿐만 아니라 다른 조선소에서도 대가 없이 이 기술을

사용하도록 한 것이 큰 보람입니다.

- 왜 다른 조선소 분들께서 JY조선을 은인으로, 큰형님으로 여기는지 알 것 같습니다. 현장에 대한 애정과 관심이 없다면 그런 기술이 탄생할 수 없었을 거란 생각이 듭니다.

- 제가 실제 현장에서 근무하며 자재 관리며 노무 관리를 했던 경험이 있습니다. 그때 조선소에 필요한 설비가 무엇인지 현장 직원 분들에게 필요한 것이 무엇인지 알게 되었습니다. 현장 없이는 회사도 없고, 사장도 없습니다. 일하시는 분들이 편하고 안전하게 작업할 수 있도록 하는 게 책임자인 저 같은 사람이 해야 할 일이라고 생각합니다.

- 큰 어려움도 있었지만 대단한 노력으로 지금은 존경과 부러움을 받는 조선업체로 성장했는데요. 경영에 있어 어떤 철칙이라든지 평소 유념하는 게 있으십니까?

- 제 큰형님이자 JY조선 설립자이신 하달기 회장님께서 평소 '회사가 깨끗해야 한다', '사람을 귀히 여겨라', '좋은 일을 하면 소리가 멀리가고 나쁜 일을 하면 주변을 시끄럽게 한다'는 말씀을 자주 하셨습니다. 사훈이나 다름없죠. 각 선사(船社) 및 전 직원에게도 존경받는 회사가 되도록 하라는 회장님의 말씀을 늘 기억하고 있습니다.

1. 1968년 조양조선주식회사 설립식
2. 1968년 조양조선주식회사 선대 신설

사진 제공_ ㈜JY조선

1   4번 산가선 신설   1

2   2

3. 도크마스터

"40년 경력의 도크마스터" _ 허창식(68)

허창식 반장입니다. 저는 주로 조선소에서 배 올리고 내리는 일을 합니다. 맨 처음으로 경남조선에 들어가서 12년 정도, 삼화조선에서 11년, 그리고 지금 있는 영도조선에서는 16년 정도 일을 했습니다. 2018년 3월 2일이 되면 내가 이 일을 한지도 만 사십 년이 됩니다.

- 여기 분들이 선생님을 어떻게 부르나요?

- 그냥 반장이라고 부르지.

- 다른 분들은 도크마스터라고 부르시던데.

- 그런 말로 잘 안 쓰지. 보통 그냥 '직장'이라고 말하는데 옛날부터 반장이라고 부르면 직장이나 반장이나 내나 그 자리고 도크마스터도 그 자리인데, 한번 반장이면 영원한 반장이지. 내 같은 사람은 영원한 반장이다.

- 선생님은 어떤 일을 하시는 거예요?

- 주로 배 올리고 내리는 일을 하지. 배에 아줌마들이 그라인더 하거나 페인트 뿌리거나 하면 내가 높은 데에 지게차 올려 주고. 이것저것 다 하지.

- 배를 어떻게 육지로 올리는 건가요?

- 보통 배가 들어올 땐 예인선이 끌고 들어오는 경우가 많아. 배 위에 있는 사람이 배를 어느 선에다가 맞춰 넣으라고 공을 띄워 주거든. 그걸 보고 대차 위에 올리는 거야. 줄은 총 4개가 필요한데. 뒤에 두 줄은 우리 식구들이 조그마한 통선을 타고 나가서 배 뒤로 묶은 줄을 양 갈래로 잡는 거야. 내가 신호를 해서 뒤에서 줄을 놔 주라면 놔 주고. 감으라면 감고. 예인선은 밀어

주고. 앞에 와이어 두 줄은 내가 직접 조종하고. 그런 식으로 해서 배를 올리지.

- 말씀은 쉽게 해 주시는데 정말 쉬운 일이 아닐 거 같아요.

- 쉽게 말하면 낚시질 하는 거랑 매 한가지라요. 고기를 기다리는 식으로 배를 살살 달래가 대차 위에 딱 걸리면 와이어로 감아 땡기면 딱 앉아 뿐다고. 그때 위치가 딱 맞아야 해. 배 밑에 탱크라든지 쏘나(어군탐지기)라든지 부장비가 많이 달려 있거든. 잘못 앉으면 뿌아지기 때문에 큰일납니다. 조금이라도 이상이 있으면 잠수부를 넣어봐야 해. 밑에 확인해보고 올려야지 잘못하면 배가 넘어가거든. 그런 걸 잘 피하기 위해 배 위에 올라간 사람하고 내하고 전부 다 타이밍이 맞아야지. 한쪽으로 조금만 돌아가도 안 되고. 밑에도 정확하게 나무 받침목이 딱 맞아야 되고.

- 서로 간의 호흡이 중요할 것 같은데요. 현장이 굉장히 시끄러운데 신호는 어떻게 전달하시는지.

- 소리는 인자 호각. 호각을 불면 딱 본다고. 뒤에 줄 잡은 사람들한테는 내가 히프(엉덩이)를 치면서. 오른쪽이면 오른쪽을 치고, 왼쪽이면 왼쪽을 치면 알아서 놔 주거든. 그라면서 배를 올립니다.

- 배 올리실 때 긴장감이 엄청나던데요.

- 완전히 대차가 내 눈에 보이기 전에는 왔다갔다하면서 계속 보지. 다 올라와서 딱 받치고 나면 그때 마음을 탁 풀어 버려. 재산이 1, 2백만 원짜리도 아니고 배 한 대 몇 십억씩 하는 건데 잘못해서 넘어갔다 그러면 큰일나지예. 조금 어려운 배가 오면 밤에 자다가도 그 생각이 나면 잠이 빠딱빠딱 깬다고. 어떻게 할까 머릿속에 잡아넣고 아침에 와서 하고. 신경을 안 쓰고 오면 안 돼지. 맨날 긴장 속에 사는 거야.

- 혹시 '그 날은 아찔했어' 하는 순간은 있었나요?

- 내가 반장 되고는 그런 일이 없는데. 내가 남 밑에 있으면서 책임자가 되기 전에 배가 넘어가는 일이 몇 번 있었거든. 그럴 땐 정말 아찔아찔하지. 배가 드러누워 버리거든. 그런 일을 몇 번 봤지.

- 도크마스터는 아무나 되는 게 아닐 것 같은데요. 도크마스터 가 되기 위해 어떤 노력을 하셨나요?

- 처음 십오 년까지는 밑에서 일했지. 요즘이야 와이어를 자동으로 감지. 옛날에는 손으로 감았는데 그것도 하고. 오만 잡일을 다했지. 배를 올려놓으면 안에 맨홀도 퍼야 되고. 때로는 용접도 해 보고 절단도 해 보고. 그런 걸 다 할 줄 아니까 내가

책임자가 되도 일을 시키기가 편한 거라요. 뭐든지 다 할 줄 알아야 돼. 조선소 일에 대해서는.

- 처음 배를 올리셨을 때 기분이 어떠셨어요?

- 처음에는 하면 신경도 많이 써서. 분명히 이게 바르다 싶었는데 해 보면 어디가 틀어져서 안 맞고 그러더라고. 내가 아무리 똑바로 태운다고 해도 올려 보면 틀어지는 현상이 생긴다고. 그렇게 한번 두번 해 보고 '아 이럴 땐 이렇더라'하는 경험을 자꾸 쌓아가꼬 하는 거지.

- 수리조선소에서 일을 하시기 전에는 어떤 일을 하셨나요?

- 제과점에서 일하고. 장판 만드는 진양화학에도 좀 다녀 보고 그랬어요. 뭐 이것저것 해 봤어요. 그랬는데 돈이 안 되더라고. 결혼하고 자식이 따르고 이러니까 자연적으로 사람 마음이 변화가 되더라고. '아 이래 살면 안 되는구나. 착실히 해가 야물게 살아야 내가 내 가족을 힘들게 안 하겠구나' 딱 머릿속에 넣고. 그래 계속해서 안 흔들리고 그렇게 살아갔지.

- 사십 년이면 청춘을 쭉 바쳐서 하신 일인데 도크마스터 일이 선생님께 어떤 의미인가요?

- 이때까지 잘 먹고 잘 살았으니 잘 해 왔다고 생각해요. 육상에

이만큼 돈 많이 주는 데 별로 없거든요. 일은 힘해도 하면 또 재밌고 좋아요. 천직이라고 생각하고 살았지. 그렇게 이때까지 이 일 가지고 자식들 키우고 다 출가시키고 이때까지 내 묵고 살고 했는데. 지금까지 잘 살아 왔다 싶고. 인자 마 좀 쉬도 되겠다 싶어서 올 여름만 하고 안 할란다 했는데 어째 될랑가 모르겠어요. 착실한 사람을 넣어 놓고 가야 되는데...

4. 수리조선소 공무감독

"수리조선소의 만능맨" – 이윤규 ㈜JY조선

이윤규입니다. 우리나라 나이로는 60세입니다. 공무감독입니다.
처음에는 공무기사로 시작해서 공무대리, 공무과장을 거쳐 지금은
공무부장직을 맡고 있습니다. 여기 와서 30년 일했습니다.

- 공무감독이라면 구체적으로 어떤 일을 하시는 건가요?

- 배를 상가하거나 하가하고요. 일정을 협의하고, 수리 사전 견적내고. 필요한 자재 같은 걸 구매합니다. 또 현장의 근로자들 관리-감독하고. 안전관리나 환경 같은 거 총괄하고. 선박 수리 완료하고 나선 청구서 작성, 제출, 검사관 미팅 등 다양하게 합니다.

- 공무감독의 업무는 어떻게 시작되고 진행되나요?

- 선주가 전화를 하는 경우도 있고 우리 영업하는 분이 영업해서 배가 들어오는 경우도 있고. 또 아는 사람끼리 해서 저한테 문의 오는 경우도 있고. 밑에 직원한테 문의 오는 경우도 있습니다. 그렇게 문의가 오면 설명을 해서 사전 견적을 내죠. 사전 견적을 백 프로 내는 건 아니고. 다 끝나고 청구서를 내는 경우도 있습니다. 러시아 배 같은 경우는 100% 사전 견적을 내서 배를 올립니다. 나중에 금액이 맞네 안 맞네 하는 문제 거리가 있을 수도 있으니까. 그런데 그런 건 몇 프로 안 되고.

- 공무감독님이 수리선박의 견적서를 작성하기 위해 필요한 정보엔 어떤 것이 있나요?

- 우리가 하도 많이 하다 보니까. 배도 그 종류들이 있지 않습니까? 이건 탱크선, 기름배, 유조선이지 말하자면. 탱크선도

휘발유 싣고 다니는 배가 있고, 경유 실어 다니는 배가 있고. 케미칼(Chemical), 화학약품 싣고 다니는 배가 있어요. 배 톤수도 알아야 하고, 제원도 알아야 하고. 그 배 길이하고, 폭하고 높이, 무게. 국적 증서라는 게 있어요. 배 제원이 있는 증서가 있는데, 항만청에서 내 주는 그걸 보면 크기하고 종류가 나오니까 그런 거 보고 하죠. 견적을 낼 때는 배의 용도, 사이즈가 중요하죠. 간혹 배의 사이즈가 정확하게 안 보이는 경우가 있어요. 규격도 없고 바로 견적서를 내 달라는 경우도 있고요. 배는 러시아에 있는데 견적서를 내 달라는 경우도 있습니다. 견적 내기 어려운 배는 현장에 가서 직접 보고 내 주는 경우도 있습니다.

- 선주와 수리 견적과 관련된 이야기를 하면서 부딪치게 되는 어려움은 없으셨나요?

- 러시아 사람들과 의사소통이 안 돼서 많은 애로사항이 있지요. 보통 그런 경우는 대리점에서 통역관이 오는데. 통역을 해 주는데도 우리와 러시아 사람이 일하는 과정이 달라서 언성이 많이 높아지는 경우가 있습니다.

- 배를 조선소에 올리기 위해 공무감독으로서 협의해야 하는 사람, 대상, 업체들엔 누가 있나요?

- 업체라기보단 배에 도면이 있습니다. 도면을 배 선주한테

인수받아서 확인을 해야 하는데. 어선 같은 경우에는 밑에 소나(음파탐지기)나 어탐기가 있습니다. 고기 떼를 탐지하는 어탐기와 에코사운드라고 수심측정기가 있습니다. 그런 걸 상가하는 반장(도크마스터)이 레일을 짤 때 도면을 확인하며 피해서 짜고. 또 상가하기 전에 다이버가 가서 조사를 하고 옵니다. 어디쯤에 소나가 붙어 있다, 어탐기가 붙어 있다 전달해 주면 배 올리는 분이 도면을 보고 치수를 다시 재서 레일을 짜요. 배 올릴 적에도 다이버가 들어가서 그 지점에 배가 정확히 앉는가 보면서 배를 딱 앉힙니다. 어렵습니다. 물속에 있는 걸 한다는 게.

- 그럼 배를 상가할 때 협의해야 하는 게 업체라기보다는 도면을 정확히 봐야 하는군요.

- 도면을 봐야 하고 또 기름배 같은 경우에는 가스가 많이 차 있거든요. 탱크 안에 가스가 차 있는 경우가 있어요. 그럴 때는 '가스 프리(Gas free)'라 하는데 통풍기를 사용해서 가스를 빼 오라고 해요. 또 탱크선이나 화물선은 운항할 때 배의 균형을 맞추기 위해 발라스트(Ballast, 평형수)에 물을 넣어서 다니는데 배 올릴 때는 그 물을 다 빼야 한다고요 무거우니까. 그런 걸 다 이야기해 줘야 합니다. 또 기름도 많이 있으면 배가 무거우니까 기름 탱크가 비었는지도 확인하고.

- 그럼 현장에선 보통 어떤 일을 관리감독하시나요?

- 안전점검도 하고. 해양 오염방지는 잘하고 있는지. 비산먼지는 어떤지. 방진막은 잘 치고 있는지. 뒤에 오일 펜스는 잘 치고 있는지. 다 봐야 합니다.

- 공무감독이 협의해야 하는 외부업체들은 주로 어떤 일을 하는 업체인가요?

- 페인트 납품하는 사람들이 있습니다. 그 사람들은 '인스펙터(Inspector)'라고 해서 페인트를 잘 바르고 있는지 감독하는 사람들이 와요. 검사관이라고 생각하면 돼요. 페인트 회사에서 나오는 검사관도 있고요. 협력업체는 선주업체들이 직접 다니는 업체들이 많이 있습니다. 전기도 있고, 냉동, 엔진 수리 등 많습니다. 냉동이나 전기, 엔진 이런 건 선주가 직접 시키고, 우리가 하는 게 아닙니다. 우리는 보통 보면 바깥쪽을 많이 하죠. 철판이나 교환 이런 거. 배가 올라오면 계측을 한다고. 배 두께가 얇아지면 철판 갈아야 되는 기라. 그럼 용접하는 협력업체가 있어요. 엔진하고 냉동, 전기는 우리가 안 하고. 그런 건 선주 직영으로 선주가 거래하는 업체가 있습니다.

- 수리가 마무리 되어 갈 때, 공무감독이 해야 하는 역할은 무엇인가요?

- 그 앞전에 지시했던 일들이 잘 되었는가 최종 점검하고 확인합니다. 감독하고 일하는 분들하고 협의해서 어느 날 몇 시에 내릴지도 정합니다. 물때도 봐야 하고요. 내릴 때도 아무 때나 내려가는 게 아니고 만조 때 내리고 만조 때 올립니다. 레일이 저 물속까지 있는데 물이 만조면 육지에 더 가까이 올 수 있다 아닙니까. 배가 육지에 가까이 있으면 와이어가 적게 내려가고, 반대로 물이 없으면 배가 레일을 못 탑니다. 레일이 파손될 우려도 있고요. 물 조석표가 있는데 그걸 보고 날짜를 잡고, 아침에 미팅을 해서 배가 내려간다고 하면 또 예인선을 수배를 해야 됩니다. 그리고 또 큰 배는 예인선 세 척 정도 있어야 합니다. 내려가는 배를 빨리 못 잡으면 충돌할 수도 있거든요.

- 처음 공무감독이 되신 후 맡았던 첫 번째 배를 기억하시나요?

- 아! 그건 기억나요. 그걸 하면 부장을 시켜 준다고 했었는데. 이제 기억이 나네. 부선이었는데 '벙커씨(Bunker-C oil, 벙커-C유)'를 싣고 다니는 배였어. 벙커씨라고 하면 뻑뻑한 시커먼 기름인데. 그 안에 히팅 코일(Heating coil, 가열 코일)이 파이프로 바닥에 있었어요. 그런데 이게 뻑뻑해서 쉽게 기름이 굳어 버리니까, 파이프에 안에다가 따뜻한 물을 넣어서 녹여 주는 역할을 하는 게 있는데. 내가 이걸 공사해서 부장이 된

케이스에요. 어려운 거였어요.

- 공무감독을 하면서 가장 보람찼던 순간은 언제이신가요?
- 배가 너무 험한 거예요. 배 하판이 벌겋게 녹슬어 왔는데, 처음엔 녹이 슨 저거를 어떻게 수리할까 싶었는데 그걸 깨끗하게 도색을 해가지고 배가 살~ 내려가는 거 볼 때 짜릿짜릿합니다.

5. 도색전문가

"선박에 옷을 입히는 마법의 손" _ 하영석(68)

저는 하영석입니다. 조선소에서 일한 지는 30년 됐습니다. 배가 들어오면 먼저 배를 씻고. 녹 난 부분에 아줌마들이 깡깡망치가 두드리고 나서 페인트를 바릅니다. 페인트는 녹이 생기지 말라고 바르는 거죠. 저는 주로 페인트를 타 주고, 페인트를 칠하기도 하고, 여러모로 다 합니다.

- 배에는 어떤 페인트를 바르나요?

- AC 페인트와 AF 페인트가 있는데. AC 페인트는 녹이 들지 않게 방지하는거고, AF 페인트는 에 해조류가 안붙도록 방지해주는 겁니다. 배가 바다에 오래 있으면 배 아래에 파래가 많이 붙어 옵니다. 그렇게 파래가 붙은 배가 올라오면 그라인더 작업을 하고나서 AC 페인트를 두 번 정도 바르고. 그 다음에 유색 페인트를 바릅니다. 마지막으로 AF 페인트를 바르고 내려갑니다.

- 배마다 바르는 페인트의 색이 다른 것 같습니다. 어떻게 다른지 궁금합니다.

- 배마다 흑색, 청색, 오렌지색 이렇게 여러 가지 색깔이 있습니다. 선망들은 대체로 청색이고 예인선들은 검은색. 어선들은 청색과 녹색도 있습니다. 보통 큰 배는 녹색도 있는데, 선박마다 색깔은 다 다릅니다. 회사마다 다 요구하는 대로 발라 주기도 합니다.

- 페인트는 어떤 방식으로 바르나요?

- 옛날에는 배 밑에서 다 로라질(롤러질)을 했습니다. 기계 나오기 전까지만 해도 로라질 아줌마들이 각자 깡통 조그만 거를 들고 가서, 배 밑에서 로라질 했습니다. 그때는 힘들었습니다. 손으로 할 때는 인원수가 억수로 많이 필요하고, 시간도 많이 들고

페인트는 페인트대로 많이 들고. 일도 안 되고 그랬는데 요즘은 기계가 좋으니까 선박에 페인트 뿌리는 거야 금방 뿌립니다. 한 통 뿌리는데 분사 압력을 세게 하면 15분에서 20분이 걸리고. 압을 약하게 하면 한 시간 정도 걸립니다. 우리는 보통 압을 세게 해서 하나에 한 20분 정도, 오래 걸려도 한 30분 정도면 페인트를 바릅니다.

- 과거에 롤러로 칠하셨다고 하셨는데요. 배 전체를 칠하는 데 며칠이나 걸리셨나요?
- 옛날에는 작업 인원수가 많으면 빨리 끝나는 거고. 없으면 늦게 끝나는 거였습니다. 특히 배 밑에서 위를 쳐다보며 로라질을 하는 건 많이 힘들었습니다. 지금은 하루에 안 끝나면 내일 하고, 내일 못하면 모레 하고 합니다. 그래도 보름까진 안 갑니다.

- 배 하나에 보통 몇 개 정도의 페인트가 들어갑니까?
- 작은 배가 총 여덟 말 정도 들어갑니다. 보통은 한 스무 말 들어갑니다. 큰 거는 백 말 넘게 들어갑니다. 트럭에 한창 실고 온 게 다 들어간다고 보면 됩니다.

- 페인트의 양이 대단하네요.
- 어마어마하지. 이게 다 페인트의 힘입니다. 페인트가 묻어 있기

190

때문에 물이 안 들어오는 겁니다. 그러니까 페인트의 힘이 배의 다입니다. 녹이 썩으면 물이 들어올 텐데 그걸 페인트의 힘으로 막아 주고 있는 겁니다.

- 오래 해 오신 일을 물려주고 싶진 않으신가요?

- 요즘 애들이 안 할라 합니다. 공기도 안 좋고. 페인트를 마시고 나면 건강에도 안 좋습니다. 폐에도 페인트 이게 억수로 나쁘거든요. 저도 조금 있다가 그만둬야죠. 옆에 조선소도 나이 60 넘은 사람 없습니다. 전부 다 컴퓨터 앞에서 일하려고 하지, 이런 공기 탁한 데 있으려고 하겠습니까. 먼지 마시지, 페인트 가루 마시지. 마스크를 아무리 쓴다 해도 페인트 총질하고 나면 목에서 페인트가 나옵니다.

- 그런 만만치 않은 일을 사십 년 동안이나 해오셨는데요. 돌이켜 보면 어떠신가요?

- 얼굴이 그을리는 일이었고, 내가 먹고 살기위해 했던 일이고, 입이 포도청이니까 아들 때문에 억지로 하기도 했던 일입니다. 우리는 출근해서 일했다가 집에 가는 그게 제일 좋은 겁니다. 마치고 씻고 그게 제일 좋은 거죠. 마지막에 씻고 집에 가는 게 그게 제일 깨끗하고, 그게 제일 상쾌하게 좋았습니다.

특별원고
다시, 깡깡이마을에서

문 호 성 (소설가, 선박설계기술사)

1. 영도다리를 건너며

"역사는 아무리 / 더러운 역사라도 좋다 / 진창은 아무리 더러운 진창이라도 좋다 / 나에게는 놋주발보다도 더 쩽쩽 울리는 추억이 / 있는 한 인간은 영원하고 사랑도 그렇다"

- 김수영 '거대한 뿌리'중에서

 배가 지나간 물 위에는 항적(航跡)이 남는 법인데 세월이 흘러간 네 마음속은 어떤가……. 영도다리 위에 올라서니 눈 아래에서 몸을 뒤척이던 바다가 문득 내게 그렇게 물었다. 검푸른 수면에 튕긴 십일월의 햇빛이 잠시 허공으로 뿌옇게 날아오르다가 바람을 받아 다시 물 위로 떨어져 내렸다. 잘게 부서진 햇빛을 받아 마신 바다는 비늘처럼 번들거리는 웃음에 윤기를 더하며 나를 올려다보고 있었다. 슬며시 그 눈길을 피하면서 나는 세월이 내 마음속에 남긴 자국도 어쩌면 지금 다리 위로 부는 바람의 궤적을 닮았을지 모르겠다고 생각했다. 삶에도 불연속 기압골 같은 지점들이 있어서 그곳을 지날 때면 잊고 있던 풍경들이 얼핏 모습을 드러내면서 바람이 일듯 예상하지 못한 감정들이 피어나는 법이다. 대개 이런 풍경들은 처음에는 모호하게 떠오르지만 회상이란 이름의 시선과 마주치면서 비로소 조금씩 윤곽이 뚜렷해졌다. 그러다가 분명한 형상을 갖추고 나면 풍경들은 도리어 내게서 받은 시선을 되돌려 주려는 듯 물끄러미 나를 바라보곤 했다.

나에 의해 규정된 과거가 다시 현재의 나를 되돌아보게 만든다는 건 언제나 좀 불편하게 느껴지는 사실이었다. 하지만 과거와 현재는 네 시선을 통해 오가며 비로소 각자 짊어지고 있던 모호함과 불안을 벗는 거라고, 일방적인 추억이란 다만 기억에 대한 폭력일 뿐이라고, 교각을 감아 돌던 남항 바다가 중얼거렸다. 번잡하기만 한 일상을 강요하는 도심과 과거의 흔적이 무수히 남은 영도 사이에 놓인 다리 위에서 나는 걸음을 멈춘 채 바다의 소리에 귀를 기울였다. 과거와 현재, 두 시공을 이어 주는 통로처럼 놓인 영도다리 위로 부는 바람이 이제는 네 시선을 정직하게 갈무리해야 할 시점이라고 속삭였다. 아주 잠깐 눈을 감으면서, 나는 머릿속에서 흐릿하게 떠오르는 몇 개의 풍경들을 다듬질하기 위해서라도 그 말을 수락하자고 스스로를 타일렀다.

눈앞으로 봉래산이 점점 키를 늘이며 다가오고 있었다. 아주 오래 전 산중턱까지 판잣집들이 다닥다닥 들러붙어 있던 풍경을 아직도 나는 기억하고 있다. 하늘을 이고 선 봉우리에서 시작되어 아래로 내려오며 드넓게 퍼지다가 다소곳이 바다

속으로 흘러드는 산자락 곳곳에서 사람들은 제각기 떠맡은 삶을 짊어진 채 지친 몸을 뉘고 있었다. 그때 봉래산은 마치 넉넉한 치맛자락을 펼쳐 그 가난한 목숨들을 모두 품어 안고 있는 늙은 여인처럼 보였다. 저거 바라! 영도다리가 올라간다! 문득 등 뒤에서 어릴 적 친구 목소리가 들려오는 것 같았다.

 ……두어 살 위인 친구와 내가 조방 앞에서 어른들 틈에 끼어 몰래 올라탔던 전차는 한참 동안 느릿하게 달리더니 '본역'이라고 불리던 부산역을 지났다. 길 위에 깔린 선로 위쪽 허공에는 전선이 드리워져 있었고 전차 지붕에 비스듬히 누워 전선과 맞닿아 있던 쇠막대 끝에서는 간간이 새파란 불꽃이 튕겨져 나왔다. 앞뒤가 똑같은 차체 안에서 운전수는 진행 방향 쪽에 서서 운전레버를 좌우로 움직이며 전차를 몰았다. 출발하거나 정지할 때 그가 자기 머리 위에 늘여진 줄을 잡아당기면 땡땡 하는 종소리가 울려 퍼졌다. 차창 아래에 놓인 기다란 벤치 같은 나무의자에 앉아 졸던 사람들은 종소리에 흠칫 깨어나 주위를 둘러보다가 황급히 일어서서 승강구로 달려가곤 했다. 시청 앞에 다다라 영도 쪽으로 방향을 틀던 전차가 갑자기 덜컹거리며 멈춰 섰다. 저거 바라! 영도다리가 올라간다! 등 뒤에서 친구가 외쳤다. 영도다리의 절반인 시청 쪽 부분이 눈앞에서 천천히 허공을 향해 원호를 그리며 고개를 쳐들고 있었다. 어린 내

눈에 그건 마치 누워 있던 거인이 기지개를 켜며 일어나는 모습 같았다. 바로 그 너머로 봉우리에 구름을 두르고 푸근하게 흘러내린 산자락을 바다에 담근 채 서 있는 봉래산이 보였다. 순간 나는 때 묻은 치맛자락을 쥐어들고 내 콧물을 닦아 주며 비죽이 웃던, 머리가 하얗게 센 우리 할매를 생각했다……

오랜 시간이 흐르고 어른이 된 후 내가 봉래산 할매 산신령 얘기를 자연스럽게 받아들인 이유도 바로 그때의 기억 때문이었다. 영도에 있다가 떠날 때는 반드시 봉래산 할매 산신령께 공손하게 인사를 드리고 가야 한다고 사람들은 말했다. 만약 그러지 않고 불쑥 떠나 버리면 할매 산신령은 자꾸만 일을 만들어 도로 영도로 들어오게 한다는 것이었다. 고등학교 시절, 두 곳에서의 직장 생활, 이후로도 이어진 방문 회수까지 떠올려 보면 최소한 내게 있어서는 그 얘기가 틀리지 않았음을 인정해야겠다. 물론 이런 해석이란 어쩌면 옛날에 어머니가 종종 말했던, 내 팔자에는 물과 철이 끼어 있다는 운명론을 푸는 것처럼 모호하긴 했다. 조선소에서 근무하던 나는 물과 철이란 말에서 곧바로 배를 떠올렸고 덕분에 일찌감치 내 일을 천직으로 받아들일 수 있었다. 하지만 물과 철이란 상징 같은 것이어서 굳이 갖다 붙이자면 이 세상에는 그것들과 관련된 직업이 셀 수 없이 많다는 사실도 나는 잘 알고 있다.

이렇게 전설이나 상징이 해석을 통해서만 필연적인 의미를 얻듯 과거와 현재도 내 시선을 통해서만 비로소 서로에 대한 당위성을 갖게 된다. 다리가 없다면 아무리 할매 산신령이 재촉하더라도 걸어서 영도로 들어갈 수가 없듯이 기억 속 가난과 초라함이 부끄럽다고 눈을 감아 버리면 과거도 현재의 나를 결코 돌아보지 않는다. 그렇다면 '쩽쩽 울리는 추억'을 잊은 채 머무른 현재 속에서, 과연 너는 얼마나 행복한가? 십일월의 바람 아래 영도다리가 느닷없이 던지는 질문이 바람보다 더 서늘하게 내 머릿속을 식히고 있었다.

2. 뭍에 올라온 배

가파른 경사를 따라 내려오던 봉래산 자락이 바다를 앞두고 잠시 숨을 고르는 곳에 자리 잡은, 흡사 할매 산신령의 발뒤꿈치처럼 세월의 더께가 켜켜이 쌓인 동네가 바로 대평동이다. 머리 위를 지나던 바람이 골목 어귀마다 풍성한 소금기를 불어 넣던 지난날, 어깨를 맞대고 늘어서 있는 이곳 조선소 선대(船臺) 위에는 갖가지 배들이 바쁘게 올라왔다가 내려가곤 했다. 북양과 남태평양에서 제각기 명태, 오징어, 참치들을 잡던 트롤(trawl)선, 채낚기선, 연승어선, 선망어선들이 돌아와 남항에 입항하면 제일 먼저 자갈치시장이 흥청대기 시작했다. 먼 바다에서 잡아 싣고 온 어획물들이 냉동 창고로 들어간 후 오랜 선상생활에 지친 뱃사람들은 저마다 짐을 챙겨 서둘러 땅을 밟았다. 그러고 나면 배들도 하나둘 대평동으로 몰려와서는 마치 휴식을 취하듯 뭍으로 올라와 조선소 선대에 몸을 눕혔다.

 배가 지나간 뒤 수면에는 길과 비슷한 모습으로 항적이 남는다. 만약 모든 배는 제 뒤로 길을 끌고 다닌다는 비유적 표현이 허용된다면, 조업을 마치고 돌아온 배들은 각각 선미(船尾)에 기나긴 길을 하나씩 매달고 있는 셈이었다. 그 길은 부산의 남항에서 시작되어 드넓은 북양이나 남태평양을 오가다가 다시 남항으로 돌아와 비로소 끝나는, 마치 지문처럼 배마다 서로 다른 거대한 폐곡선을 그린다. 부두나 안벽을 떠나 출항한 배는 물고기뿐 아니라 자신이 만든 폐곡선 안에 바다의 일부를 가두어서 힘겹게 끌고 돌아오는 것이었다. 일렁이는 너울을 타고 넘을 때면 거의 다 비어 가는 연료유 탱크나 이미 텅 빈 밸러스트 탱크의 공기관을 따라 식식대며 공기가 들고 나는 소리가 나는데, 아는 사람들은 그 소리를 두고 '배가 숨을 쉰다'고 말했다. 가쁜 숨을 쉬며 입항한 배는 충무동 수협이나 자갈치시장에다 싣고 온 물고기부터 내리고 곧이어 대평동으로 향해 그곳에서 자신이 매달고 온 거대한 바다를 부려 놓기 위해 뭍으로 몸을 올렸다.

　그러므로 언제나 대평동에서는 배에 끌려온 바다가 해체되는 갖가지 소리들이 울려 퍼졌다. 물때에 맞춰서 조선소 앞까지 다가온 배는 예선의 부축을 받으며 선대 레일이 깔린 위치로 천천히 움직여 가서는 대차(臺車)에 고정된 반목(盤木) 위에 육중한 몸을 눕혔다. 대차에 연결된 굵직한 와이어 로프는 여러 개의 도르레에 겹겹이 감긴 채 두텁게 그리스를 뒤집어쓰고 있었고, 비스듬히 기운 선대 맨 위쪽에 설치된 윈치가 그 끝을 단단히 감아쥐고 있다. 배와 대차, 레일 위치가 모두 확인을 마치고 나면 윈치가 돌아가는 요란한 소음을 신호로 삼아 비로소 상가(上架) 작업이 시작되었다. 배가 바다를 벗어나 낯선 중력이 지배하는 뭍으로 올라오는 이때가 조선소에서는 무척 조심해야 할 시간이었다. 바다에서는 부력에 의한 복원력을 가질 수 있지만 지상에는 오직 중력밖에 없다 보니 균형이 어긋나면 자칫 배가 뒤집힐 수도 있기 때문이었다. 따라서 이 작업은 대단히 느리게 진행되기 마련이어서 짧게는 한나절, 길게는 종일 걸려서 배가 완전히 바닥을 드러내고 나면 그제야 상가는 완료되었다.

　언제나 상향성(上向性) 부력에 익숙해 있던 배는 이제 일방적인 하향성 중력이 지배하는 뒤집힌 세계로 들어온 셈이다. 연신

숨가쁜 소리를 내며 돌아가던 윈치가 멈추고 나면 선대 위에는 아주 잠깐 고요함이 머물지만 곧바로 밸러스트 탱크의 선저 플러그가 열리고 안에 있던 바닷물은 땅 위로 콸콸 흘러나왔다. 자기 속에 남은 바다를 토해 낸 배의 바닥과 측면에는 파울링(fouling)이라고 어림잡아 부르는, 따개비나 해초 따위의 이물질들이 지저분하게 붙어 있었다. 호스에서 세차게 뿜어져 나오는 물줄기에다 사람들의 손작업이 더해져 이런 파울링이 대강 제거되고 나면 오랜 시간 동안 파도와 바람에 시달린 배의 수리가 본격적으로 시작되었다.

 선체 외판에는 파도의 충격이나 부유물과의 충돌로 인해 여기저기 움푹 패거나 뒤틀린 부분도 있다. 용접선에는 벌건 녹이 두텁게 앉았고 때로는 곳곳에 금이 가 있기도 했으며 선저판 만곡부에 붙어 있는 빌지 킬(bilge keel)도 군데군데 이빨 빠진 듯 떨어져 나갔다. 갑자기 속력을 높이거나 급선회하며 조업하는 어선들을 위해 표준 값보다 더 두껍게 설계된 타판(舵板)마저도 균열이 가서 뻐끔하게 입을 벌리고 있기가 예사이고, 타를 좌우로 움직이는 타두재(舵頭材)의 베어링이 마모되어 헐거워진 탓에 바닷물이 배 안으로 흘러드는 경우도 많았다. 닻을 올리거나 내릴 때 체인 케이블이 끊어져 바닷속에 닻을 빠트리는 사고도 자주 일어나는 바람에 언제나 예비 닻

하나가 따로 갑판 위에 비치되어 있었다. 흔히 뱃사람들은 이런 모든 경우를 압축해서 아주 짤막한 구절로 표현하기도 했다. 바다에서는 철판 한 장 아래가 바로 저승이다…….

상가할 때와 마찬가지로 수리 작업도 대부분 갖가지 소리와 더불어 진행되었다. 산소절단기 끝에서 퍼억 하는 소음을 내며 타오르던 불은 이내 새파란 화염으로 변해 씩씩거리며 외판을 잘라 가기 시작했다. 녹슬고 구부러진 철판 토막이 툭 떨어져 나가면 축축한 습기를 머금은 탱크 안에 웅크리고 있던 어둠이 햇빛 가득한 바깥을 뻐끔한 눈으로 노려보곤 했다. 선미 쪽에서는 금이 간 타가 삐걱대며 타두재와 함께 뽑힌 다음 수리를 위해 선대 옆이나 공장으로 옮겨졌다. 격납고에서 끌려 나와 땅 위로 와르르 흘러내린 체인 케이블은 닻과 함께 선수(船首) 아래쪽에 줄 지어 놓았다.

이렇게 선체에 달라붙은 바다의 흔적들이 하나하나 벗겨지는 동안 기관실에서는 메인 엔진과 발전기 엔진들이 개방되었다. 실린더 커버를 들어낸 후 피스톤 로드와 크랭크샤프트를 분리시키고 나면 오랫동안 쉴 틈 없이 바다를 헤쳐 온 엔진들은 마치 건강진단을 받듯 꼼꼼하게 점검되었다. 실린더 라이너 내부가 지나치게 마모되지는 않았는지, 실린더 블록에 금이 간

곳은 없는지, 크랭크샤프트에서 변형이 발생하지는 않았는지, 주요 베어링들의 상태는 정상적인지…… 계측과 검사를 통해 이상이 발견된 부품이나 부위는 교환되거나 아니면 공장으로 옮겨져 수리를 받았다. 냉각수 흡입이나 선외 배출을 위해 선체에 붙은 채 항상 바닷물 속에 노출되어 있던 밸브들도 모두 떼어 내어 분해되었다. 이와 동시에 선미 부근에서는 엔진과 분리된 프로펠러축과 프로펠러를 땅 위에 눕혀 두고 자분(磁粉)탐상시험이 바쁘게 진행되기 마련이었다.

  외판이 절단된 부위에 새 철판을 붙이는 용접 작업이 시작되면 연신 섬광이 번쩍이는 가운데 용접기에서는 윙윙대는 소리가 나직하게 울려 퍼졌다. 이때쯤에는 기관실에서도 엔진과 펌프, 밸브의 조립이 하나둘 이루어졌고 수리를 마친 타가 다시 원래 위치에 자리를 잡았으며 프로펠러축이 선미관을 통해 엔진과 연결되었다. 프로펠러가 타와 선미재 사이에서 날렵하게 휘어진 황동빛 날개를 뽐낼 즈음에는 용접이 끝난 선체 여기저기서 그라인더 작업이 벌어졌다. 귀청을 찌르는 날카로운 소리와 함께 쇳가루 사이로 부싯돌을 치듯 불꽃이 튕겨 오르면 이제 바다로 돌아갈 배를 단장시키기 위한 페인트 작업을 준비해야 하는데, 깡깡이 아지매들이 나타나는 것도 대개 이 무렵이었다.

선박용 페인트는 육상용에 비해 아주 단단하지만 철판의 신축이나 진동, 해수와의 마찰과 수압 등으로 인해 자칫 도막(塗膜)이 탈락하기 쉽다. 이를 방지하려면 전처리 작업을 할 때 표면에서 불연속적인 부분을 없애는 게 무엇보다도 중요하다. 즉, 제거가 가능한 녹이나 기존 도막들은 모두 벗겨 내되 그렇지 못한 부분들도 경계선을 잘 긁어서 철판과 이어지는 표면을 최대한 평탄하게 만들어야 하는 것이다. 특별한 기술이 없어도 되는 단순하고 반복적인 일이지만 무척 힘들면서도 꼼꼼한 주의가 필요한 작업이기도 하다. 요즘은 고압수 분사와 더불어 철사로 된 원형 빗살을 동력으로 회전시켜 자동으로 녹을 제거하는 브러싱(brushing) 작업이 표준이 된 지 오래지만 옛날에는 이런 전처리 작업은 전부 직접 손으로 할 수밖에 없었다. 게다가 페인트가 제대로 건조되려면 일정한 시간이 반드시 필요하니 가뜩이나 시간에 쫓기는 선박 수리에 있어서 도장 전처리 작업이란 그야말로 분초를 다투는 일이었다.

그러니 깡깡이 아지매, 깡깡이마을이 생긴 것도 어쩌면 지극히 자연스러운 현상이었는지도 모르겠다. 단순하고 반복적이면서도 꼼꼼한 주의가 필요한 이 일은 여성이 하기에 적합한 특징을 갖고 있었지만 작업 환경은 무척 가혹했다. 선박 페인트 작업도 다른 도장 작업과 마찬가지로 습기와는 상극이어서 전처리 역시 맑은 날에만 할 수가 있다. 자외선이 강한 바닷가 햇빛 속에서 소음과 분진에 고스란히 노출된 채 불편한 자세로 계속되는 힘든 작업이라 비록 기술적인 난이도는 낮다고 해도 노동 강도만은 아주 높았다. 그러다 보니 깡깡이 아지매들은 주로 경제적으로 다급한 사정이 있거나 가족의 생계를 떠맡은 중년 여성들이 대부분이었다. 또 페인트 작업 일정에 맞추기 위해 새벽이든 늦은 밤이든 시간에 쫓겨 가며 일을 하려면 아무래도 조선소에서 가까운 곳에서 지내는 편이 훨씬 나았을 것이다.

……깡깡이 아지매들의 보호장구로 내 기억 속에서 제일 먼저 떠오르는 것은 어이없게도 몇 장의 수건이다. 빛바래고 실밥이 너덜너덜한 낡은 수건들, 깡깡이 아지매들은 그 수건 한 장으로 단단히 머리를 감싼 후 다시 안전모나 챙이 넓은 모자를 쓰고, 다른 수건으로 눈 언저리만 뺀 얼굴 전체를 가리고, 또 다른 수건을 목덜미에 감아서 쓰라린 쇳가루와 무자비한 햇빛으로부터 피부를 보호했다. 그들은 대부분 품이 큰 작업복 상의를 엉거주춤하게 걸친 채 양 팔에는 빛깔마저 다른 짝짝이 토시를 끼고 작업복 하의 바깥에는 얼룩투성이인 낡은 몸빼를 덧입고 있었다. 또 발에는 고무장화나 아니면 헐거워 보이는 안전화를 신고 면장갑이나 꺼먼 고무장갑을 낀 손으로 각자 자그마한 양동이 하나씩을 든 차림새로 현장에 나타났다. 양동이

안에는 깡깡 해머, 망치와 쇳솔, 그 밖의 잡다한 비품들이 들어 있었다. 선대와 뱃바닥 사이 좁은 공간으로, 혹은 선측외판을 따라 좁다란 판자 한두 장만으로 위태롭게 걸쳐진 발판 위로 아지매들이 달라붙는 순간부터 마치 잠든 배를 깨우기라도 하듯 깡깡, 깡깡 하는 귀 따가운 소음이 터져 나왔다. 먼저 해머로 철판을 세차게 두드려 녹을 떼어 낸 다음 망치로 눌어붙은 부분을 쪼아서 긁어내고 쇳솔로 표면을 박박 문지른다. 피어오르는 쇳가루와 소음 속에서 몸을 감싼 수건과 작업복에는 금세 먼지와 녹이 꺼멓게 엉겨 붙고 플라스틱 보안경은 습기가 차 뿌옇게 시야가 흐려진다. 허리를 구부리거나 무릎을 쪼그린 불편한 자세로 무거운 해머를 들어 연신 철판을 내려치다 보면 팔이 저리고 귀가 얼얼해지면서 땀에 젖은 마스크가 가쁜 호흡을 더욱 가로막지만 달리 어쩔 수가 없다. 힘들고 지루한 작업이라 해도 예정된 시간 안에 마쳐야 했으므로 깡깡이 아지매들은 제각기 맡은 구역에서 묵묵히 쉬지 않고 일을 했다……

바다도 배도 여성명사에 속한다는 사실을 받아들인다면, 휴식을 마치고 바다로 되돌아갈 배가 화장을 하는 것은 당연한 일이다. 페인트 작업을 화장에 비유하면 전처리 작업은 아마 피부손질 정도에 해당될 테고 여성인 깡깡이 아지매들이 이를 수행한다는 사실도 별로 이상하진 않다. 하지만 선체의 날렵한 곡선을 만들기 위해 수많은 노동이 필요하듯 바다의 여성성이란 뭍에서 상상하는 것과는 달리 가혹할 만큼 짙은 농도의 땀을 요구한다. 깡깡이 아지매들의 땀방울로 선체를 다듬고 난 배는 분사기에서 식식거리며 뿜어져 나온 페인트로 곱게 칠해졌다. 이 압축공기 소리가 조금씩 잦아들면서 지금까지 선대 위에 누워 있던 배는 완전히 잠에서 깨어나 바다로 되돌아갈 준비를 하기 시작한다.

 배를 바다로 되돌려 보내는 하가(下架) 작업은 상가 때와는 달리 아주 짧은 시간 안에 끝났다. 윈치 제동이 풀리는 순간 배가 얹힌 대차는 마치 함성을 지르듯 굉음과 함께 선대 레일을 미끄러져 내려가 물 아래로 잠기고 배는 잠시 움찔하다가 곧 바다 위에서 자리를 잡았다. 그러고는 주위에서 대기하고 있던 예선에 이끌려 자갈치 안벽이나 일자방파제 같은 곳에 접안한 후 다시 먼 바다로 끌고 갈 자기만의 길을 준비하며 그곳에서 조용히 몸을 도사리는 것이었다.

3. 조선소 사람들

 퇴근할 때 가로등 불빛에 달무리가 끼는 듯이 보이면 그게 바로 용접 아다리가 오는 징조라고 K는 말했다. 얼핏 낭만적으로 들리는 표현 속에 생뚱맞게 끼어든 '아다리(当り)'란 일본말

표현이 귀에 거슬려 다른 우리말이 없겠냐고 묻는 내게 그는 피식 웃으며 말했다. 의학용어로는 '광각막염'이라고 하더마는 나는 그기 맘에 안 든다 말이요. 용어만 유식한 걸로 갖다붙이면 더러븐 현상이 고상하게 바뀌는 거요? 말문이 막혀 멀거니 바라보는 내게 K는 다시 말을 이어 나갔다. 나는 어째서 멋진 말은 전부 영어를 쓰면서 후진 말들만 한글로 바꾸자 하는지 그 이유를 모르겠소. 세종대왕이 그러라꼬 한글 만든 게 아닐 긴데 말이요.

자외선에 각막이 화상을 입는 이 사고는 특히 용접 작업이 많은 조선소에서는 심심찮게 일어났다. 눈꺼풀 안으로 모래가 굴러다니는 것처럼 따갑고 쑤시며 눈물이 솟구치고 심할 때는 '눈알을 뽑아 던지고 싶을 만큼' 통증이 심하다. 밤이 되면 고통이 더 심해져 잠을 못 이루지만 소염진통제나 먹고 얼음찜질을 하는 것 외에는 달리 특별한 치료법도 없었다. 결과로만 보면 눈 위에 반사되는 자외선에 의한 설맹(雪盲)과 같지만 인공적인 작업에 따른 재해란 점이 달랐다. 용접마스크 착용을 소홀히 해서 그렇다고 말하기야 쉽지만 검은 흑경(黑鏡)을 통해서는 거의 바깥이 보이지 않으며, 작업 전후와 중간에 육안으로 확인을 거듭하다 보면 경력이 쌓인 용접사도 자칫 이런 사고를 당할 수 있다는 사실을 아는 사람은 많지 않다.

고등학교 졸업 후 대학 진학을 포기하고 용접사로 조선소에 첫발을 내디딘 K는 수없이 용접 아다리를 겪으면서도 독학으로 도면을 익혀 젊은 나이에 현장의 꽃이라 일컫는 심출직을 맡을 수 있었다. 마킹, 정도관리, 조립, 탑재 관련 업무를 섭렵한 그는 '기똥차게 빠릿빠릿하다'는 주위의 칭찬에 힘입어 선체 설계과 생산설계 담당으로 발령이 났는데 이는 극히 드문 일이었다. 산업기능요원으로 군 면제를 받은 게 유일한 자산이었던 K는 입대한 셈치고 죽기 살기로 선체구조 용어들과 작도법을 익혔고 얼마 지나지 않아 생산설계도면을 능숙하게 그려 내었지만 거기까지가 한계였다. 구조계산과 설계까지는 도저히 자기가 넘볼 영역이 아님을 일찌감치 깨달은 그는 과감히 회사를 떠나 '독고다이'로 뛰기 시작했다. 조선업이 호황을 구가하던 무렵이라 K는 혼자서도 많은 일감을 따내었고 자기 집 다락방이나 발주회사 사무실 구석 책상에서 때맞춰 생산도면을 만들어 내었다. 회사 직원들은 그의 수입이 우리 몇 배는 될 거라며 부러움과 시새움이 뒤섞인 투로 입방아를 찧곤 했다.

내가 경력사원으로 입사했을 때 K는 이미 회사를 떠나고 없었다. 주위에서 그에 대해 떠들어 대는 얘기들을 마치 풍문처럼 전해 듣던 내가 실제로 K를 만난 것은 입사하고 나서 두세 달 가량 지난 무렵이었다. 갑자기 신조선 발주가 늘었는데 흔히 '마구로 배'라 불리던 참치연승어선에다 오징어채낚기선, 게다가 난데없는 유조선까지 뒤섞여 있어서 설계부 인원만으로는 도저히 도면 출도일정을 맞출 수가 없었다. 설계부장은 외주발주를 하겠다고 사장에게 품의를 올렸고 결재가 떨어지자마자 서둘러 K에게 연락을 했다. 작은 키에 새카만 얼굴, 길게 기른 머리가 귀를 덮은 그는 설계부에 들어서 사람들과 간단히 인사를 나누고 담당과장에게 선체도면들을 받아들더니 들고 온 가방 안에서 작업도구를 꺼냈다. 삼각자, 운형자, 알파벳과 각종 기호들을 그리기 위한 마킹 플레이트, 서너 가지 굵기의 샤프펜슬, 계산기…… 구석에 배정받은 제도판 위에 그 모두를 가지런히 정리한 K는 펼쳐진 도면과 필름지 위로 고개를 숙이는가 싶더니 점심시간이 될 때까지 단 한 번도 고개를 들지 않았다.

 선체설계과 직원들과 그와의 관계는 별로 좋지 않았다. 직원들은 K의 능력과 수입을 부러워하면서도 한편으로는 현장 출신에다 외주라는 이유로 은근히 그를 멸시했다. K 역시 자기 학력과 경력에 따른 묘한 열등감에다 자기 기술에 대한 자부심을 더해 그들과 드러내지 않게 반목을 이어 갔다. 선체 설계과와 두어 줄 떨어진 곳에 앉아 있던 내 귀에는 직원들이 간간이 농담처럼 내뱉는 말이 날아오곤 했다. 어데 외주가 말을 안 듣고 본공한테 달라드노? 그럴 때면 K는 제도판 위로

숙이고 있던 고개를 잠깐 들고 그들을 흘깃 쳐다보았다. 부서가 다른 데다 입사한 지 얼마 되지 않았던 나는 우연한 기회에 그와 갑작스럽게 친해지게 되었는데 그 계기는 엉뚱하게도 좀 정치적인 것에서 비롯되었다.

헌법을 지키겠다는 대통령에게 맞서 수많은 사람들이 거리로 쏟아져 나온 후로 드디어 헌법이 바뀌었지만 곧이어 대통령 선거를 준비하느라 온 나라가 용광로처럼 들끓고 있을 때였다. 선거유세가 한창이던 어느 날 갑자기 설계부장이 직원들을 불러 모으더니 난데없는 지시를 했다. 내일 우리 설계부는 업무 쉬고 유세장으로 간다! 눈을 똥그랗게 뜨는 젊은 직원들에게 부장은 짐짓 인상을 쓰며 다시 한 번 목소리를 높였다. 이유는 내한테 묻지 마라! 나도 모르니까. 알았제? 다음날 느지막히 일어난 나는 버스를 몇 번이나 갈아타고 여당 대통령 후보의 유세장 입구까지 가서 마치 출근카드를 찍듯 부장의 눈도장을 받았다. 하지만 처음에 무덤덤하던 가슴속은 군중 뒤쪽에서 찬바람을 맞으며 우두커니 서 있는 동안 점점 이유 없이 무거워졌다. 이런 기분은 아마 다른 직원들도 마찬가지였던 듯 어느새 우리는 계속되는 함성을 뒤로 하고 슬그머니 유세장을 떠나기 시작했다.

부장은 그런 우리를 말리지 않았고 오히려 가까운 자기 집으로 몇몇을 데리고 갔다. 낡은 단층 목조가옥의 썰렁한 문간방에 모여 앉은 우리에게 그는 집에서 담근 과일주를 항아리째 들고 왔다. 때아니게 벌어진 술판에 끼어서 나도 권하는 대로 잔을 비웠고 급히 마신 낮술로 인해 취기는 금세 머리끝까지 솟았다. 목소리가 높아지고 대낮에 노랫소리가 울려 퍼졌지만 부장은 말리지 않았다. 취한 내가 화장실을 다녀오다 미닫이문을 잡아당겨 열려고 끙끙댈 때도, 열리지 않는 문을 걷어차며 욕지거리를 뱉을 때도 나를 나무라지 않았다. 늦은 오후에 그곳을 떠나 다시 두어 군데 술집을 거친 후에야 나는 기억나지 않는 길을 걸어 집으로 돌아갔다. 그리고 다음날 아침 간신히 일어나 입사 후 처음으로 지각을 했지만 부장은 역시 별다른 말을 하지 않았다.

K와 마주친 건 건물 한구석에 따로 마련된 흡연실 안에서였다. 양쪽 벽을 따라 길쭉한 의자가 누워 있고 중앙에는 파이프를 잘라 만든 엄청나게 큰 재떨이만 덩그러니 놓인 살풍경한 방 안에서 나는 여전히 울렁대는 속을 가라앉히려고 담배 한 대를 물고 불을 붙였다. 때마침 들어서던 K가 내 몰골을 보더니 짐작이 간다는 듯 피식 웃었다. 어제 유세장 갔다 하더마는 술만 퍼고 온 모양이네요? 그 말을 듣는 순간 갑자기 속에서 뭔가 울컥 치밀었다. 나는 막 불을 붙인 담배를 재떨이 속으로 던지고 두

손으로 얼굴을 감싼 채 내가 들어도 모를 말을 멋대로 지껄이기 시작했다. 회사 생활 하다 보면, 아무 잘못 없이 욕도 들을 수 있고…… 윗대가리한테, 쪼인트 까일 수도, 있겠지요. 그런 거야, 다 참을 수 있지만…… 그렇지만 이거는, 이거는 아이다 이겁니다. 우리가 무슨, 이리 온나 하먼 쪼르르 달려가는, 똥개 새낍니꺼? 도대체 이런, 족거튼 경우가 어디 있어요?

귓전에 맥박이 뛰는 소리가 한참 지나간 후 얼굴을 들었을 때 K의 모습은 보이지 않았다. 내가 긴 숨을 내쉬고 몸을 일으키려 하는데 그가 다시 흡연실 안으로 들어왔다. 두 손에는 일층 출입구의 먼지 낀 자판기에서 뽑은 게 분명한 커피 잔이 하나씩 쥐어져 있었다. 그중 하나를 슬며시 내게 내밀면서 K는 마치 혼잣말처럼 중얼거렸다. 나는 말이지요…… 만일 내가 대학교에서 조선을 공부하고 나왔다면 더 부러울 게 없을 거 같았는데…… 언자 이래 보이 그렇지도 않다는 생각이 드네요. 그러고는 내 얼굴을 똑바로 쳐다보며 덧붙여 말했다. 그래도 유세장은 가봤다 아이요? 나는 외주라서 가보지도 못했는데, 그기 어데요? 나는 똥개 새끼 취급이라도 당해봤으면 좋겠구마는, 허허. K가 허탈하게 웃었다. 왠지 심한 부끄러움이 몰려와 나는 그의 시선을 피한 채 달고 미지근한 자판기 커피만 허겁지겁 들이켰다.

점심시간이 되어 들어간 회사 식당은 언제나 그렇듯 어두컴컴했고 눅눅한 습기와 시큼한 냄새가 짙게 배어 있었다. 지겹도록 자주 나오던 오징어 국을 받아들고 자리에 앉아 막 국물을 두어 모금 떠 넣었을 때 문득 K가 다가오더니 식탁 맞은편에 자기 식판을 내려놓고는 지나가는 말처럼 중얼거렸다. 그거 갖고 속이 풀리지는 않을 기고, 퍼뜩 밥 묵고 같이 번개탕이나 하고 옵시다. '번개탕'이란 찌뿌듯한 몸을 풀려고 점심시간을 틈타 급히 하는 목욕을 가리키는 조선소 직원들의 은어였다. 서둘러 식사를 마친 나는 K와 함께 골목을 빠져나가 동네 목욕탕으로 갔다. 옷을 벗은 그의 몸은 겉보기보다 훨씬 왜소했고 앙상한 갈비뼈가 드러날 만큼 깡마른 데다가 거뭇거뭇한 흉터로 가득했다. 온탕의 후끈한 열기가 온몸을 감싸는 순간 나는 불쾌한 숙취와 함께 남아 있던 분노가 조금씩 사그라들면서 K와 나 사이를 가로막은 기묘한 벽이 비로소 사라짐을 느낄 수 있었다.

……월급날 퇴근 무렵이면 서무과 직원이 달필 펜글씨로 내역을 적은 누른 봉투가 각자에게 나눠졌다. 여기저기서 과장된 웃음과 농담이 들려오는 가운데 K 혼자만 어색한 표정으로 앉아 있었다. 오늘 한 꼬뿌 하러 갑시다. 내 말에 그는 입으로만 퉁명스럽게 대꾸했다. 그냥 자갈치 가서 고래 고기나 한 사라 하고 좆바로

집에 가소. 우리는 회사 정문을 나와 곧장 도선장으로 가서 위태롭게만 보이는 작은 배 위에 올랐다. 도선 선장이 자기 머리 위에 걸린 줄을 잡아당기면 갑판 아래 기관실에서는 종소리가 났고 기관장은 그 신호에 따라 엔진을 돌리고 멈췄다. 땡땡하는 종소리를 들을 때면 나는 어릴 적 탔던 전차 생각이 나곤 했다. 가로등 불빛을 이고 누운 영도다리가 때 이른 어둠 속에서 천천히 아래위로 흔들리고 있었다. K는 월급날만 되면 기분이 더럽다며, 한때 몸 담았던 회사의 급한 사정을 이용해서 수입을 올리는 배신자가 된 기분이 든다며, 프로답지 않은 얘기를 주절거렸다. 자갈치시장에 닿은 도선에서 내린 우리는 종종 가던 길가 고래 고기 좌판으로 갔다. 아줌마는 고깃덩어리를 가린 모기장을 걷어 내고 대단히 인색한 손길로 고기를 썰어 담아 소주병과 함께 내밀었다. 대양에서 놀다가 뜬금없이 내 입안까지 들어온 고래의 속살에서는 진한 슬픔 같은 비린내가 풍겼다. 며칠 후 현장 확인을 나갔다가 그라인더 작업에서 튕겨 나온 쇳가루가 오른쪽 눈에 박히는 바람에 나는 다시 K를 찾았다. 용접 아다리에 비교할 정도의 아픔은 아니지만 시선을 움직일 때마다 심하게 따끔거리니 도무지 일을 하기가 어려워서였다. 바늘이 있어야 되는데…… 이거라도 갖고 해 보지, 뭐. 주위를 둘러보던 그가 이쑤시개 하나를 집어 들더니 내 눈앞에 들이대었다. 눈에 박힌 쇳가루를 바늘로 뽑아내는 광경을 몇 번 봐서 알고 있던 나는 별 두려움 없이 K가 하자는 대로 몸을 맡겼다. 이쑤시개 끝이 눈에 와 닿으며 그가 능숙하게 손가락을 놀린다고 느낀 순간 이제까지의 아픔이 갑자기 사라졌다. 아이구, 용케 나왔네! 휴지를 들어 내 눈을 닦던 K가 활짝 웃었다. 그를 안 후로 처음 보는, 언제나 조롱하듯 피식거리던 것과는 전혀 다른, 어린애처럼 환하고 밝은 웃음이었다……

  새로운 대통령이 취임하던 날 K는 계약된 일을 마치고 사무실을 떠났다. 회사 근처에서 함께 저녁을 먹은 후 나는 싫다는 그를 끌고 인근 시장 거리에 있는 나이트클럽으로 갔다. 도심 유흥가에 있는 나이트클럽과는 비교가 안 되게 값싸면서도 허술했지만 조선소 사람들이 단골로 찾는 곳이기도 했다. 컴컴한 실내에서는 요란하게 울리는 뽕짝 노래에 맞춰 한 무리의 아줌마들이 한창 막춤을 추고 있었다. 삼십대 초반인 K와 내가 들어서는 모습을 보자 그들은 마치 상처 입은 톰슨가젤을 발견한 세렝게티 초원의 암사자들처럼 눈을 번득이며 우리를 에워쌌다. 그날 왁살스럽게 내 허리를 끌어당기며 서투른 블루스 스텝을 밟아 가던 작달막한 아줌마의 파마머리에서는 어렴풋한 땀내와 함께 여전히 가시지 않은 녹 냄새가 풍겼다.

  K가 떠나고 올림픽 개최 준비로 온 나라가 들떠 있던 봄날,

입사 후 처음인 회사 야유회에서 나는 누군가를 찾으려는 듯 괜히 여기저기를 둘러보고 있었다. 나는 그 이유가 바로 K가 되찾아준 내 눈 속 시선 한 점 때문이라고 생각했다. 몹시 울적한 느낌을 이기지 못해 한껏 취해 버린 나는 직원들이 벌인 춤판에 끼어 비틀대며 함부로 몸을 흔들었다. 당시 유행하던 김흥국의 '호랑나비' 노래에 맞춰 모두들 발을 내딛으며 흐느적거리고 있던 중이라 아무도 그런 나를 이상하게 보지는 않았다.

4. 깡깡이마을 위로 부는 바람

대평동은 부산의 굳은살이다. 영도다리를 건넌 후 바닷가를 따라 대동대교맨션과 옛 도선장 자리를 지날 때까지도 아마 당신은 내 말에 동의하지 않을지 모른다. 길가에 줄지어 선 선박용 기자재 가게들은 깔끔한 외관을 자랑하고 간판 어디에서도 예전에 촌스런 명조체 붓글씨로 씌어 있던 '발부', '후렌지', '시린다 헷또'등 일본식 발음의 영어는 찾을 수 없기 때문이다. 그러나 바다를 따라 굽이진 길을 돌아가는 순간 당신 눈앞에는 대단히 낯선, 그래서 약간의 불편함마저 주는 풍경이 펼쳐진다. 바닷가임에도 불구하고 키를 훨씬 넘는 조선소 담장에 가려 바다는 아예 보이지 않고 좁다란 골목길을 따라 기껏해야 이층을 넘지 않는 나지막한 집들이 늘어서 있는데 그나마 일층은 대부분 선박용 기계부품 수리업체이다. 하지만 이런 풍경이 백 년도 훨씬 넘는 세월을 지나오며 다져진 것이며 허름하게만 보이는 업체들 역시 대물림을 거듭하며 거기에 있다는 사실을 안다면 비로소 당신은 고개를 끄덕일 것이다.

옹기종기 어깨를 맞대고 있는 조선소들 역시 여러 번 이름을 바꾸며 그 자리를 지켜오고 있다. 쇳가루나 페인트가 거주지로 날아가는 걸 막으려고 담장 위에는 따로 방진망까지 쳐두었지만 역부족이다. 예전부터 깡깡이나 도장작업을 할 때면 인근 주택에서는 바깥에 빨래를 널 수가 없었고 여름에도 창문을 열기 어려웠지만 대부분 배와 연관된 일로 먹고 사는 사람들이 모여 있는 곳이라 그런 불편함조차 일상의 한 부분으로 굳어진 셈이다. 닫힌 창틀 위에 새카맣게 먼지가 쌓인 벽 아래로 좁은 길가 여기저기에 널린 밸브, 펌프 케이싱, 실린더, 프로펠러, 파이프와 플렌지, 그리고 쉴 새 없이 작업하는 용접기와 그라인더, 공기압축기 소리…… 그들이 뿜어내는 소음은 조선소 담장을 넘어오는 깡깡 소리와 합쳐져 고단한 삶의 여운을 남기며 바람에 실려 하늘로 날아가곤 했다.

이렇게 다져진 풍경과 성문(聲紋)들을 아름답다고 말하기는 어렵다. 그러므로 화려한 도심에 익숙해진 당신이 깡깡이마을을

218

받아들이기 위해서는, 대평동은 부산의 굳은살이라는 이 무례한 레토릭을 온몸으로 이해해야만 한다. 속살에 그려진 나이테를 껍질 위로 압축해 드러내는 나무옹이처럼, 깡깡이마을은 아름답진 않지만 사소한 일에 아파하는 약한 우리 감성의 생살을 그 존재 자체로서 감싸며 신산한 세월의 바람을 막아 준다. 부산이 지닌 역사성과 해양친화성은 봉래산 할매 산신령의 발뒤꿈치처럼 세월이 거친 흔적이 남은 이곳에 의해서 비로소 구체적인 의미를 띠게 된다.

이렇게 늘어놓는 옛날 얘기가 어쩌면 당신에게는 그다지 쓸모없는 것일지도 모르겠다. 하지만 쓸모 있는 것들을 좇아가다 몹시 지쳤을 때나 쓸모 있는 것을 얻지 못해 무척 슬퍼질 때 우리를 위로하고 구원하는 건 바로 이런 쓸모없는 것들이다. 오래 전 그때 이곳에서 나는 비록 남루했지만 비굴하지 않았고 함부로 현재에 절망하거나 미래를 비관하지 않았다. 우리 모두가 초라하지만 스스로 자기 삶을 다듬는 장인일 수 있었으며 내일은 분명히 오늘보다 나아질 거라는 확신을 갖고 살았다. 만약 당신이 그건 근거 없는 낙관이었을 뿐이라고 반박한다면 나로서는 다시 김수영 시인에게 기댈 수밖에 없다. '요강, 망건, 장죽, 종묘상, 장전, 구리개 약방, 신전 / 피혁점, 곰보, 애꾸, 애 못 낳는 여자, 무식쟁이 / 이 모든 무수한 반동이 좋다…….'

시인이 말한 '반동'이야말로 우리를 우리 스스로이게 하는, 이 깡깡이마을에 내재한 정직한 역동성에 다름 아니기 때문이다.

 아직도 나는 기억하고 있다. '마치고바(町工場, 거리공장)'니 '오사마리(收まり, 마무리)', '시아게(仕上げ, 끝손질)', '보로(ぼろ, 걸레)', '아시바(足場, 발판)', '기리빠시(기리하시(切端し), 자투리)'같은, 이제는 사라졌지만 이곳 풍경이 그러하듯 세월의 때를 그대로 간직한 채 충분히 보존될 자격을 가진 말들을. 또 나는 생생하게 기억한다. 자욱하게 피어오르는 녹 가루와 먼지 속에서 귀가 따갑게 깡깡거리던 망치질 소리를, 배 아래 그늘에 둘러앉은 깡깡이 아지매들의 점심식사 모습과 그때 보았던 엄청난 식사량과 변변찮은 반찬을, 훗날 그녀들 대부분이 관절염이나 난청 혹은 폐질환으로 고생할 게 분명하다고 느꼈던 슬픈 예감을, 그리고 남루한 작업복과 힘든 노동 속에서 성별이 사라져 버린 기묘한 평등의 세계를. 다만 함부로 여성성을 부여하는 게 자칫 모독이 될 수도 있는 이 시대에 그때 그녀들이 박탈당했던 여성성을 당신에게 어떻게 설명해야 할지는 여전히 모르겠다. 그러므로 나는 다시 불쑥 시인을 인용하는 무례함을 당신에게서 용서받고자 한다. 전통은 아무리 더러운 전통이라도 좋다……. 이곳 깡깡이마을에 서서 십일월의 바람을 맞으며, 왠지 벅찬 마음으로 나는 그렇게 되뇌어 본다.

부록.
깡깡시티

배 민 기 (만화가)

대한아,
할아버지
오셨네.

대한아?
할아버지
오셨어~

응?
할아버지?

엄마아빠는 또 야근해?

그런가 보구나. 오늘은 이 할애비와 삼겹살이나 구워먹자꾸나.

우와! 삼겹살 최고!!

원, 녀석도.

할아버지, 엄마아빠는 왜 맨날 야근이야?

전 세계의 배들이 모두 우리마을로 들어오다보니 다들 많이 바쁜모양 이구나.

자, 꽉 잡아.

지이이이잉―

출발!!

ㅈㅏㅇㅑㅇㅑ

아이고, 요새 우리 영선이 엄마 일 도와준다꼬 욕보제?

아이라예...

근데 와 안가고 있노? 그릇 갖고 갈끼가?

그기 아이고, 저... 아저씨.. 뭐 부탁하나만 해도 되예?

뭔데? 멀해봐라.

그게요..

영선이 니, 또 여기서 일할라고 그라제?

어? 영선이 니가 여기서 일한다꼬?

어째 좀 안되겠 습니꺼...

그건 분명히 내가 안된다 했다.

엄마 식당일 돕다가 서울 올라가서 공부해라 안하드나.

용택이 오빠야 니한테 한 말 아니그등! 됐다고마!!

내는 식당일도 하기싫고, 서울도 가기싫다!!

뿔떡

영선아,
근데 니는
배 수리하는 일은
만다꼬
할라하노?

지는예,
그냥...

그냥 뭐?

여기서 나는
깡깡소리가
좋아예.

오빠야 니가
내를 도와주야지,
김씨아저씨보다
더 반대를 하면
우짜노!!
장난하나!

난 니가
이 일 하는거
싫다마.

내가 내
하고싶은거
한다는데
오빠야 니가
와그라노?!

위험하니까!
내는 영선이 니가
절대 쇠망치
못잡게
할끼다!!

아, 남이사
하등가
말등가!

남이
라니!

...남 아니면
뭔데?

그러니까...
내는..
영선이 니를.....

조, 좋아.......

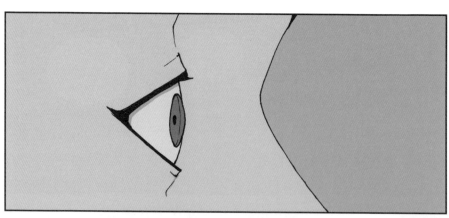

혁!!
몇시고?!

으...으아..
엄마, 왜
안깨웠노..

점심시간
다되어서
엄마 마이
바쁠낀데!!

루다다닥

아, 엄마는 또
전화를 안받노?!

그나저나
오늘 동네가
와이래
조...

조용하....

아저씨..?

눈에
촛점이...
없어..

다들 왜
이라노?

저건 또
뭐지?

어린이보호구역
대평유치원앞

이, 이게
무슨...

린이보호구역
평유치원앞

그, 그래서요?

그 사람들은 왜 그렇게 된거에요, 할아버지?

글쎄다....
우리 강아지한테 이걸 어떻게 설명해줘야 할까?

할아버지, 앞에 봐야지~

오, 그래그래.

그것은 지구상의 모든 생물들을 꼼짝도 못하게 만들었었지.

응? 괴물이 나타난거야?

그렇지, 괴물이 나타나서 사람들을 그렇게 만들어 버린거지.

어떻게?? 그 괴물이 뭘 어떻게 한거야?

사람들의 생각이나 언어 등등의 모든 움직임의 동력이 되는것을 다 먹어치워 버렸거든.

?

그 괴물의 먹이는 바로...

'소리'
였거든.

이게
무슨일이고..
엄마는...?

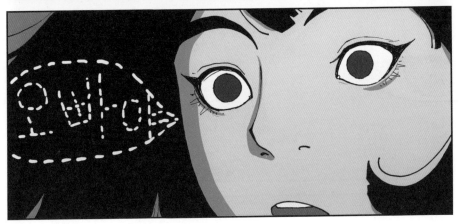

목소리가
나오지
않아...

뛰는 소리도 안 나,
내가 지금...
뛰고 있는건 맞아..?
아님
그냥 멈춰있는거야?

지금 하는 이건
말인지 생각인지....

언어가 없으면
사고하는 방식이
달라지는 건가..?

의식이.... 사라..져...
간다..... 나는..
...ㄷㅅㅑㄴㄴ.......ㄱㅇ..#^*........
....
....

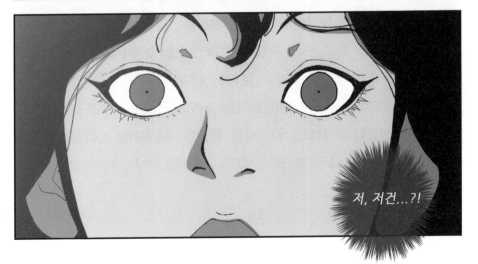

반응이
있다.

꾸르륵
꾸르륵

분명히
이 소리에
예민한거야.
내 정신도
돌아왔어!

좋아!
더 세게!!

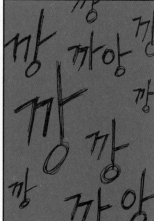

?!

그... 그쪽이 아이다.. 더, 더 밑에..... 더 밑을 치봐라..

용택이 오빠야!!

탁

용택이 보다 낫네...

김씨 아저씨!!

더, 덕분에 의식이.. 돌아 왔다...

FIN.

깡깡이예술마을교양서-2

깡깡이마을, 100년의 울림 – 산업

| 초판 1쇄 발행 | 2017년 10월 27일 |
| 2쇄 발행 | 2019년 01월 15일 |

발행처	부산광역시 영도구, 영도문화원
기획	깡깡이예술마을사업단 www.kangkangee.com T. 051-418-1863
	부산시 영도구 대평로27번길 8-8 2층 깡깡이예술마을 생활문화센터
제작	도서출판 호밀밭 www.homilbooks.com T. 070-7701-4675
원고 집필	하은지, 현수
인터뷰 도움	배미래, 우동준, 최예송, 평상필름
사진	깡깡이예술마을사업단, 평상필름, 홍석진
디자인	홍주남
삽화	이세윤, 정종우, 최효선, 추주희
만화	배민기(깡깡시티)
외부 원고	문호성(다시 깡깡이마을에서)

Published in Korea by Homilbat Publishing Co, Busan.
Registration No. 338-2008-6. First press export edition October, 2017.

ISBN 978-89-98937-61-4
ⓒ 깡깡이예술마을사업단, 2017

「이 도서의 국립중앙도서관 출판예정도서목록(CIP)은 서지정보유통지원시스템
홈페이지(http://seoji.nl.go.kr)와 국가자료공동목록시스템(http://www.nl.go.kr/kolisnet)에서
이용하실 수 있습니다. (CIP제어번호: CIP2017026561)」